就愛那抹綠！

抹茶 食光

輕食 × 飲品 × 冰品 × 甜點　**38** 種甘醇微苦的美味提案

目 錄
Contents

Part4 ▶ 冰爽夏日!沁涼甜點

Part5 ▶ 療癒時光!烘焙甜點

Part6 ▶ 充滿力量!全植物點心

※ 書中〔〕表示爲香港用詞

Part 1
遇見抹茶

抹茶特有的甘醇、芳香與淡淡微苦，
每一口都讓舌尖留香，
感受深厚茶韻迴旋不已的深邃魅力，
那一抹綠，總叫人魂牽夢縈，
心甘情願成為它的俘虜。

令人肅然起敬的抹茶工藝

　　抹茶不是磨碎的綠茶粉，而是經過特殊工藝得到的，其製作過程的繁複，細膩而矜貴，每一克都十分珍貴。我一直喜歡嘗試各種古法自製食材，對抹茶工藝簡直肅然起敬。

　　抹茶和綠茶的原料都是「綠茶」，但製作方法不同，如下：

綠茶的除菁方法，基本步驟為：採收→萎凋→炒菁→揉捻→乾燥→焙火
抹茶的除菁方法，基本步驟為：採收→加濕→蒸菁→乾燥→切碎→研磨

　　抹茶使用每年第一次收成的春茶製作，經過冬季的休養生息，品質最好。採收前 20 ～ 30 天，茶園上方需要漸進覆蓋遮陽，透過漸進式遮蔽陽光，隔絕陽光減少光合作用，使茶葉的茶胺酸增加，茶胺酸是味道中最複雜的鮮味來源之一，所以茶道級抹茶有一種類似海苔的鮮味，甘甜不苦澀，葉綠素多就會有很明亮的翠綠。

　　抹茶沒有炒菁和揉捻的步驟，手摘新葉後以高溫蒸氣殺青。綠茶的炒菁方法比較便宜快速，但茶葉易變黑，營養也易流失。抹茶的蒸菁方法成本較高，兒茶素等茶葉成分不易流失，更能保存茶葉天然鮮綠的顏色。乾燥後去除梗、粗葉和葉脈，留下精華的嫩葉。為了避免產生熱力，影響品質，蒸煮烘乾後的原葉碾茶，必須以慢速磨成粉末，茶粉便可避免澀味的出現，保留甘、甜、鮮，色澤鮮亮均勻。一台石臼一小時僅能磨 40 克，粒徑 2 ～ 20 微米，細緻到能深入指紋，是判斷研磨品質的標準，從採收到抹茶製成，剩下不到十分一，手摘石臼研磨的高級抹茶售價昂貴是有原因的。

　　尋找正統日本抹茶，要追溯產地及品牌。日本正統的抹茶主要用於茶道，一般餐廳或抹茶加工食品，不會使用正統抹茶，吃過正統高級抹茶的朋友，去連鎖店買抹茶食品可能都要失望了。抹茶很苦的印象，來自於等級較低的抹茶，或每年第 3 ～ 4 次採收、或經過揉捻、碎屑等製成的茶，而且因為石磨的速度約束產量，生產成本太高，無法滿足隨著時代發展加工抹茶產品的需求，出現了代替石磨的現代化生產機器，例如氣流粉碎機和球磨機，但是質量無法與石磨相比。

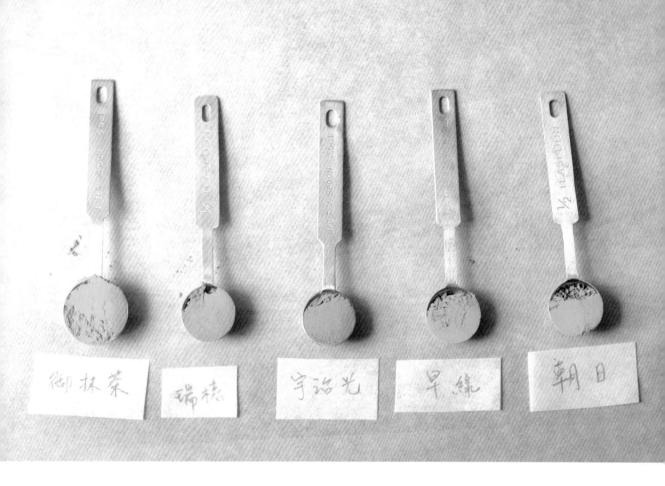

品嚐多樣化的抹茶風味！
首先你需要適合的抹茶粉

抹茶根據茶葉的產地、樹齡、栽培、製作過程及生產商等，區分不同的級別。很多朋友因為第一次品嚐的是低等級抹茶，被苦澀味勸退，或用了不適合的抹茶種類，得不到預期的效果而浪費心血，都是非常可惜的。但是這麼多品項到底該怎麼挑選？開始製作之前也沒辦法逐一試試，或許你可以朝著以下的方向挑選抹茶。

【製作飲料】

食材組合相對簡單，抹茶入口的味道非常鮮明，茶道級用作沖泡濃茶專用的抹茶，本身就很適合沖泡飲用，即使泡得極濃，都沒有刺激的雜味，我在書裡用的「朝日」或「早綠」，香氣濃郁圓潤，茶韻深，苦味少，尾韻甘甜，鮮綠的色澤會讓飲品顏色非常吸睛，更不需要太多糖去中和味道。降階選薄茶專用的「宇治光」，口味適合喜歡苦味多一點的朋友。

【烘焙程度低的甜點】

如冰淇淋〔雪糕〕、生巧克力，可以選茶道級用作沖泡薄茶專用的抹茶，我在書裡用「宇治光」，澀度低，鮮度高，茶的鮮香與淡苦平衡得恰到好處。我做全植物冰淇淋配方，混合早綠和宇治光，取早綠的濃綠色，和宇治光溫潤的苦味，天衣無縫。

【高溫烘焙的甜點】

使用高等級的抹茶就可惜了，因為高溫不但會把抹茶的甘香給蒸發掉，也會一併破壞抹茶裡的葉綠素，使得顏色變暗或發黃，如果高溫還能維持那種不敗的鮮綠，就要小心是否加入添加物。做麵包或料理，抹茶比例不能太多，茶的香氣會被麵粉等食材稀釋減弱，價格較實惠如「瑞穗」，澀味、草味、苦味較明顯，加熱後也較能保持抹茶濃郁的感覺。

作為一個抹茶控，拼色澤，聞香氣，品茶韻，是品鑑抹茶的基礎，每個人對口味的喜好跟品質定位未必是完全一致的，固中的細微變化，還得自己體驗，當然也得依照錢包去挑選！不同的牌子與品項可以混合使用，搭出你自己的習慣和喜歡的風味。

抹茶的脾氣，你瞭解嗎？

　　抹茶不溶於水，需要依靠外力把粉末打散，懸浮水中，時間長了會沉澱。抹茶粉在冷水中不容易散開，可使用微溫的熱水。

　　抹茶由生茶葉去除約 9 成水分，再研磨成粉末，容易吸收空氣中的濕氣，受潮結塊，製作任何類型的食譜，使用前必須用網目細緻的工具過篩，否則會吃到結塊的抹茶，絕對影響口感和味道。

　　抹茶粉末由於太過細緻，與其他食材混合時，容易攪拌不均勻，把抹茶粉分成數份，少量多次過篩加入食材裡，待攪拌均勻後才加入剩下的抹茶粉，結塊成顆粒狀的情況能得以改善。

　　抹茶粉加入蛋液或鮮奶油〔鮮忌廉〕中打發，會產生黏度和彈性，打發時手感跟平常不太一樣。

　　抹茶氧化快速，取出後色澤和風味會迅速產生變化，為了保留抹茶最好的風味，原則上是每次都要新做，存放時間一久，色香味會損失很多。

　　天然無添加的抹茶粉，碰到 80℃以上的高溫熱水，裏頭的葉綠素就會被破壞掉，大約半小時，顏色就會變淡變黃。加熱除了損耗抹茶的顏色和風味外，營養也會流失，建議盡量不使用加熱的方式製作。加入食譜的時機也很重要，製定步驟的順序，以獲得最佳品嚐的效果。

仔細秤量，即使相差只有幾克，非常少的用量變化，成品的味道都會有顯著不同。使用的抹茶粉等級不同，用量也必須有所調整。

如何秤量抹茶

輕輕刮平的 1 小匙約 1.5 克、1 大匙約少於 5 克的份量，使用量勺，較為方便。如果註明克數一定要用電子秤，液體食材則用量勺或量杯。

1 小匙 ＝ 5ml

1 大匙 ＝ 15ml

如何保存抹茶粉？

　　別囤貨！越新鮮的抹茶風味越好，抹茶氧化速度快，風味也會著時間流逝下降，跟釀酒相反，不會越陳越香。

　　抹茶的保存期限不長，留意一下盒底的標示，未開封的保鮮期大概是 5 ～ 8 個月，開封後最好在 1 ～ 2 個內用完。

　　抹茶易吸濕氣、吸味道，比其他茶葉更害怕高溫、潮濕與日照直射，十分嬌貴。開封後要擠出袋中空氣，放在遮光的密封罐內，以免照到陽光褪色，並確實蓋緊或封好封條。冬天放在陰涼通爽處，潮濕炎熱的天氣，則放冷藏或冷凍保存。從冰箱取出後不要立即開封，先放置室溫下，等回復常溫狀態再打開。

　　仔細規劃需要使用抹茶的份量，取出之後要盡快再度密封，避免長時間接觸光和空氣，過篩後用不完的抹茶粉，不要倒回原來的罐裡，以免影響未取出來的抹茶。

　　購買時不要選擇透明塑膠袋的分裝品，分裝過程接觸光和空氣極容易使抹茶受潮，影響品質。

Part 2
以茶入饌！抹茶料理

以韻味獨特的抹茶入食，
可以是主味，也能引味，
在此介紹能輕鬆品嚐其色澤及香氣的
料理食譜，
將抹茶融入日常生活當中吧！

滿滿抹茶味！鹹甜都對味

　　抹茶最早由日本榮西禪師從中國宋朝帶來茶樹種子與抹茶製法，茶樹種子贈與明惠上人栽種於宇治各地，開啟了日本的茶葉栽種與茶道。在榮西的著作《喫茶養生記》就有記載，他為受到宿醉之苦的源實朝奉上抹茶解酒，強調抹茶養生的功效。

　　現今抹茶已成為飲食界的寵兒，被列入超級食物的一員，正因為抹茶的特殊製法，能保存大部分有益健康的營養成分，例如兒茶素、胺基酸與維生素 C、E 等，其茶多酚亦比沖泡茶葉來得高，抗氧化含量則比綠茶粉還要多。茶多酚不但具有保健的功能，同時也是形成茶葉色香味的主要成分之一。

　　喝抹茶就等同把整塊茶葉的營養吃進去，有益於控制體重、抗癌、防治糖尿病和心血管疾病等。不過以上的好處僅限於純飲抹茶，不包括高碳水化學物高脂肪的抹茶甜品，所以別迷信吃抹茶食品能減肥，然後放縱自己吃以精緻澱粉及糖為主的抹茶點心。

　　隨著抹茶被更多人認識和喜愛，抹茶從茶道文化承傳技藝，到走入我們的日常飲食裡，品嚐抹茶有了更多的可塑性，除了製作各種甜點，還能做很多不一樣的美食，將在以下的各個章節，分享給大家！

抹茶蕎麥麵

—— 捲起衣袖一起做，讓麥香茶香治癒你 ——

　　蕎麥麵，日本三大麵食之一，營養豐富，日常食用對降低血脂有一定的效果。在蕎麥麵的基礎上加入抹茶，吃起來茶香和蕎麥香相互交融，不沾醬汁慢嚼，有著茶香的清新和尾韻，無論冷吃溫吃都適合，把品嚐抹茶提升到另一個層次。

[🌿 材料]

蕎麥麵

黃金蕎麥粉	70g
抹茶粉（宇治光）	10g
中筋麵粉	40g
中筋麵粉	30g
（裝進撒粉罐）	
冷水	150ml＋3 大匙
玉米澱粉〔粟粉〕	30g
（撒麵皮表面防黏用）	

沾醬

釀造醬油	1 大匙
味醂	1 大匙
黑醋	1 小匙
清水	1 大匙
米酒	1 大匙

🌿 肥丁說說話

　　蕎麥沒有麩質，不會產生麵筋，最難掌控的是吸水量。這配方麵條 Q 度較高，中筋麵粉跟蕎麥粉 1：1 的麵團比較適合家庭製作。抹茶含有天然茶鹼，雖然力量沒有一般製麵中所使用的鹼水強，可增強麵粉麩質，使麵條更有彈性。

1 混合所有中筋麵粉、蕎麥粉、抹茶，用手以轉圈方式混合均勻，加入 50% 的水，不同品牌的蕎麥粉，吸水差異大，水不要一次全放，隨時靈活調整。

TIPS：
使用製麵機，中筋麵粉不需要保留，可以全部加入。

2 用畫圈的方式揉搓麵團，形成顆粒狀，慢慢加入剩下的水，集合成麵團塊，用手掌抓緊把麵團黏在一起，蕎麥粉和水混合後鬆散，麵團手感輕而軟綿，不硬實。

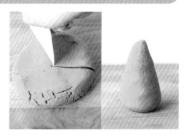

3 麵團揉到三光，麵光、手光、碗光，麵筋形成，變成團狀，揉成錐形，由中央部分從上往下壓平成圓餅，用刮板分割成 3 等份，未用的麵團用保鮮膜或濕布蓋好防止變乾，取一份麵團，揉成錐形，壓扁。

4 取一份麵團，工作台上撒少許中筋麵粉，以手掌沿外側繞圓按壓，用擀麵棍推開，左右摺成 3 摺。

TIPS：
由於蕎麥沒有筋性，較容易沾黏，擀麵時撒入麵粉，可以防黏。

5 製麵機的刻度調整到最厚，將麵團送進製麵機加工成薄片，剛開始麵餅邊緣凹凸不平，將麵皮對摺，反覆壓延，讓麵餅得到充份揉壓，重覆 10 次，喜歡韌勁和彈性強一點，重覆 20～30 次，Q 度會更好。

6 麵皮變得光滑，在壓延的過程中，變得勁道有韌性。

7 逐步調整製麵機的刻度，從 7（最厚）調到 6，一手搖動手柄開始壓薄麵皮，另一手接著麵皮，麵皮變得越來越長，每次擀薄後撒上少許玉米澱粉，最後把製麵機調到厚度 5。

8 最後切成細麵條，蕎麥麵彈性較差，容易摺斷，不用剪裁麵皮，用製麵機切成細麵。出麵時用手接著麵條疏理，防止麵條互相黏連，否則麵條糾纏不清，很快斷裂。

9 麵條做好後撒少許玉米澱粉防黏，製麵機切的麵條大小均勻，略方形的麵體帶棱角，口感更鮮明。

手工擀麵

1 預留 30g 中筋麵粉，重複 P.22 步驟 4 的動作，每次擀薄時撒少許中筋麵粉，直至灑粉罐的麵粉用完，重複約 20 次，麵皮呈現表面光滑，邊緣平滑，不再凹凸不平。

TIPS：
透過反覆對摺、擀壓能使麵團組織更細緻、結構更緊密，做出來的麵條更爽口。

2 麵皮前後撒上玉米澱粉，擀成厚薄一致的長方形，前後疊成 3 摺，用刀切成細麵。

TIPS：
玉米澱粉不會混和麵皮產生筋性，具有更好的防黏效果。

煮麵

1 水滾後，蕎麥麵下鍋，轉小火煮 1 分鐘，讓麵條散開，防止沾黏。

2 撈出後立刻放入冰水裡，洗去黏性，瀝乾。

3 混合沾醬所有材料，新鮮蕎麥麵有一種天然醇香，第一口不沾汁直接咀嚼，品味抹茶蕎麥最清爽的香氣。醬汁沾到麵條的 1/3，不蓋過蕎麥本身的香氣。

💡 小叮嚀

好吃的蕎麥麵一定要選對蕎麥粉，黃金蕎麥是蕎麥中最頂級的，聞起來像小麥，嚐起來卻有蕎麥特有的沉厚香味，回甘卻不苦澀，跟抹茶超級搭。

自製蕎麥麵

櫻花抹茶壽司

—— 抹茶驚喜壓軸登場 ——

　　櫻花盛開時花繁豔麗，滿樹爛漫。美到極緻的櫻花壽司，主角是粉紅色的浪漫醋飯，就連抹茶也心甘情願地當一回配角。粉紅飯糰以日式梅干調味，梅干有強烈酸鹹味，跟飯糰是經典組合。花瓣卷用紅火龍果粉染色，天然無人工色素，有如粉紅色花朵嬌豔欲滴地綻放，令人目眩神迷。

[🌿 材料]（份量：16 個櫻花壽司）

壽司海苔................... 8 片

壽司飯

粳米......................350g
煮飯的清水...........250ml

壽司醋

古法釀造米醋.......... 60ml
Demerara 原蔗糖或二砂糖...........................4 大匙
海鹽.................... 1/8 小匙

粉紅色壽司醋飯

煮熟的壽司飯.......... 460g
壽司醋.... 2 大匙＋1 小匙
日式梅干.................... 2 顆
紅火龍果粉........ 1/4 小匙

濃縮紅火龍果汁

紅火龍果粉.............1 小匙
清水.........................1 大匙

抹茶壽司醋飯

煮熟的壽司飯.......... 200g
（剩下的飯，不用太精準）
壽司醋.....1 大匙＋1 小匙
白芝麻....................1 小匙
莧心莖...................... 50g
抹茶粉（瑞穗）..... 1 小匙

🖋 肥丁說說話

　　一口吃下去是正常壽司的甜酸，作爲綠葉的抹茶醋飯包裹在外層，甜酸過後，還會嚐到抹茶的清香，給壽司添上獨特的尾韻。對抹茶控來說，濃郁茶味的帶領應該是理所當然，偶然吃一個抹茶做配角的壽司也是調劑生活的小驚喜。

1 用電子秤精確測量米的重量。洗米約 2 ～ 3 次，第 1 次沖水後，立刻把水倒掉，第 2、3 次用手輕輕攪拌，不要用雙手搓洗，會造成米粒斷裂，影響壽司口感，只要洗去米粒表面的雜質即可，最後將洗米水倒掉。

2 用新的清水煮壽司飯，輕柔地將米倒入電子鍋裡，製作醋飯的水量要比平常煮飯少，讓米粒稍微硬一點，我的電子鍋有壽司模式，如果沒有自動模式，先泡米 20 ～ 30 分鐘，讓米充分吸收水分，再進行烹調。

3 調配壽司醋，釀造米醋加入原蔗糖及鹽，小火煮至糖鹽全部溶化，攪拌幫助快點溶化，不能大火，也不需要煮滾，否則醋香流失，放涼備用。

4 預備壽司飯配料。菜心洗乾淨，綠葉顏色太深，配色不好看，只取莖部。水滾後燙 1 ～ 2 分鐘，切末；梅干剁成泥。

5 取需要調色用的飯量，剩下的飯留在電子鍋裡保溫。粉紅色醋飯製作花瓣卷，米飯加入梅干、紅火龍果粉，趁著還溫熱，淋下壽司醋，米飯在溫度高、膨脹時，較易吸收醋香，讓醋先滲透到飯中，再撥鬆。

6 抹茶醋飯，米飯加入白芝麻、壽司醋及料理用抹茶，抹茶使用前必須過篩。

TIPS：
用飯勺以「切、拌」撥開米飯，米粒不會散掉，米飯不會過黏，冷卻後醋飯保持粒粒分明，色澤油亮。

7 剪裁壽司海苔。取第一片海苔對摺剪開，再對摺，剪成 4 份正方形；取第二片海苔，對摺剪開，得到 1 片長方形海苔，剩下的一半對摺，剪成 1 片正方形、5 條細長形。

TIPS：
只取出需要的海苔數量，剩下的留在包裝袋裡，否則很快受潮變軟捲曲。

8 正方形海苔上放兩根筷子，與兩旁相距約 1 公分，均勻鋪上粉紅壽司飯，邊緣要整齊填滿，輕輕伸展醋飯後才稍微壓緊，壽司形狀跟鋪飯有直接關係。

9 壽司飯的兩旁擦濃縮紅火龍果汁，製作花蕊漸層色的效果。

10 在壽司飯的左邊放上一條裁好的細長形海苔，從外到內對摺，用力壓緊壽司飯，手指沾醋液，推壓頭尾鬆散的壽司飯後，裁去多出的海苔，5 個花瓣卷完成。

> TIPS：
> 做好形狀再修剪，壽司比較不容易散開。

11 保鮮膜鋪在竹簾上，長度要有竹簾 2 倍。一手拿起竹簾，形成凹槽，排入花瓣卷，擺成花形。

12 在兩個花瓣的隙縫，整齊填上抹茶醋飯，花瓣卷上方不要蓋醋飯，否則 5 瓣形狀不均勻，花形不美，每完成一處用手輕壓整形，竹簾連同保鮮膜一起捲，邊捲邊用竹簾壓緊壽司整形，待會切開便不會鬆散。

13 打開保鮮膜〔保鮮紙〕，飯勺壓緊頭尾後，用長方形的海苔包裹，再次用竹簾捲起來。

14 切壽司時，先從外側開始，最後一刀，由於外側結構比較鬆散，把它轉過來，用手抓住捲得緊的內側，切開，壽司形狀就不會散掉。

> TIPS：
> 1. 可用餅乾模量出壽司預計切段的位置，便可切出同樣的寬度。
> 2. 刀刃沾點水，每切一次都要泡水，擦去黏在刀刃上的米，每次下刀前沾濕刀刃，切口要漂亮，就不能嫌麻煩。

💡 小叮嚀

★壽司飯要用粳米，粳米是稻米的一個品種。東北大米、珍珠米、蓬萊米、越光米都屬於粳米。粳米肥厚圓短，柔軟，黏性較強。很適合做壽司，熬粥。

★紅火龍果粉可購買或自製。乾燥的粉末，方便調整顏色深淺，不影響醋飯的味道。

櫻花抹茶壽司

抹茶泡飯

—— 米飯和茶，樸實無華的生活點綴 ——

　　抹茶泡飯特別適合天氣太熱而食慾不振的炎夏，用自製的室溫蔬菜高湯泡抹茶，冷泡的方法能保留抹茶中較多的兒茶素與茶多酚，降低苦味，突顯抹茶所帶來的清香，為食材帶來入口回甘的口感。

配菜是家裡手邊有的食材，白飯加入糙米和藜麥，撫慰人心的健康輕食。抹茶泡飯裡的一抹青澀，有如平淡生活中的漣漪。無論什麼情景，作為一天的收尾餐點，印證了這句話，人生沒有什麼煩惱是一頓飯解決不了的，如果有，那就來兩頓！

[材料] （份量：2 人份）

壽司米或短米	150g	醃黃蘿蔔	隨意
有機胚芽糙米	50g	蘆筍	2 根
三色藜麥	20g	香菇	1 朵
清水	115ml	小黃瓜〔小青瓜〕	半根
蔬菜高湯	300ml	紫蘇梅干	2 顆
（可以自製或買市售的）			
鹽	1/8 小匙	**雞蛋調味料**	
抹茶（早綠）	2 小匙	海鹽	1/8 小匙
配菜		二砂糖或羅漢果糖	1 小匙
雞蛋	1 顆	現磨白胡椒粉	少許

1 藜麥、糙米及白米洗淨後，攪拌均勻，水分可較平時煮飯減少一點，增加米粒硬度。米飯煮熟後，舀入茶碗裡。

> TIPS：
> 米飯不要煮太軟，因為茶泡飯隨後會加入抹茶。太軟的米飯浸泡於茶水容易糊掉。

2 雞蛋加入海鹽、糖及白胡椒粉調味，打散，倒入平底鍋，煎成薄蛋塊，放涼後切絲。

3 小黃瓜去皮，刨絲。醃黃蘿蔔切絲，加入紫蘇梅干增加風味，佐料很隨意，可搭配你喜歡的食材，這裡使用煎香的蘆筍、香菇。

4 小黃瓜、醃黃蘿蔔絲、紫蘇梅干及蛋絲伴著米飯排好在茶碗裡。

5 抹茶篩入蔬菜高湯，加入鹽及白胡椒粉，用電動奶泡器打散，泡 10 分鐘，使茶香的味道更突顯，才不至於被白飯及佐料味道覆蓋。

6 加入切碎的香菇，抹茶蔬菜高湯倒入米飯裡即可享用。

抹茶蔬食咖哩

—— 溫潤的綠色滋味 ——

　　以茶入饌已經行之有年，茶葉不僅能給料理帶來獨特的香氣，還能解油膩。龍井蝦仁、茶葉蛋、茶泡飯耳熟能詳。當咖哩遇上抹茶，又是怎樣的滋味呢？我做了較甜的日式咖哩磚，正好中和抹茶深邃甘苦的味道，配上熱騰騰的白飯，咖哩飄出茶香，溫和而有韻味，竟然碰撞出奇妙的火花。

[🌿 材料]（2 人份）

抹茶咖哩

洋蔥	1 顆，約 160g
紅蘿蔔	1 根，約 130g
地瓜〔番薯〕	2 小根
玉米筍〔小粟米〕	3 根
秋葵	3 根
蘑菇	3 顆

自製日式咖哩塊或購買現成的 .... 2 塊（70g）
椰子水 60ml
楓糖漿 30ml

抹茶

抹茶粉（瑞穗）........... 10g
冷水 200ml

> ### 🖊 肥丁說說話
>
> 　　抹茶的份量，可依每人不同的口味調整，除非真正抹茶控成癡，特愛抹茶重苦味，否則一開始不要加入太多。抹茶的選擇也要講究，上好的茶道級抹茶，味道不苦，但被咖哩稀釋了，反而茶香不突出。太苦的次等抹茶，苦味太濃，口感又不好。

1 洋蔥去皮，切小塊；秋葵去蒂，切丁；玉米筍切丁；紅蘿蔔去皮，滾刀切丁；地瓜去皮，切小塊，泡在水裡防止氧化變黑。

2 蘑菇不要水洗，否則蘑菇的香氣會流失很多，用濕的廚房紙巾抹乾淨表面，蘑菇切厚片。

3 抹茶粉過篩加入冷水，用電動奶泡器打散，放入冰箱備用。

4 平底鍋放少許油，加入切片蘑菇，加入少許岩鹽，小火炒香，蘑菇盡量鋪平在鍋面，炒至飄出香氣，輕微收縮，即可起鍋。

TIPS：
炒蘑菇不要翻拌太多次，先把一面煎香，再翻另一面，更能鎖住蘑菇的香氣。

5 不用洗鍋，接著放入洋蔥炒香，取出一半的洋蔥。

6 加入紅蘿蔔、玉米筍和地瓜，炒至地瓜表面微焦，加蓋悶3～4分鐘，直至紅蘿蔔變軟為止。

7 蘑菇回鍋，放入咖哩塊，加入椰子水溶化咖哩塊，翻炒至咖哩黏附在食材表面。

8 加入楓糖漿，翻炒一下。

9 最後加入抹茶，攪拌均勻，起鍋，拌飯一起吃。

自製咖哩磚

抹茶玉子燒

　　你對蛋和抹茶的組合，還停留在做蛋糕、做鬆餅嗎？抹茶除了甜點，還可以做鹹食！抹茶粉不加入蛋液裡，是為了避開高溫加熱流失茶香，直接撒在多汁鬆軟滑嫩的玉子燒表面，那滋味真的非筆墨所能形容。在原味玉子燒的基礎上加入蔬菜丁，營養更豐富。

抹茶玉子燒

[🥄 材料]

玉子燒

無激素雞蛋....190g（4 顆）

羅漢果糖或二砂糖..2 小匙

（喜歡甜玉子可再加 1 小匙）

醬油 ....2 小匙

現磨白胡椒粉 ....少許

鰹魚昆布高湯 40ml

抹茶・撒玉子燒表面

抹茶粉（朝日或早綠）

.... 1/4 小匙

自製鮮味粉 ....1/4 小匙

鰹魚昆布高湯

鰹魚片 20g

昆布 ....2 塊（約 5×5cm）

清水 1100ml

蔬菜組合隨意

紅甜椒 100g

小黃瓜 100g

1 用涼水浸泡鰹魚片和昆布，放入冰箱冷藏一夜。次日，泡過的水連同鰹魚片昆布，倒入鍋裡加熱，煮至沸騰，水滾後煮 10 分鐘，用網篩過濾，鰹魚高湯完成。

TIPS：
未用完的高湯，倒入乾淨的玻璃罐，冰箱可存放 2～3 天。

2 無激素雞蛋，比一般 M 尺寸的蛋小一點，放在量杯裡，方便倒出蛋液，加入羅漢果糖、釀造醬油、現磨白胡椒粉、鰹魚昆布高湯。

3 紅甜椒切細丁，炒香；小黃瓜切薄片，再切細丁。將甜椒丁、小黃瓜丁一同放入調味好的蛋液裡。

4 筷子打開拿，從左右或前後，來回輕輕地劃動，盡量不要打發出氣泡，蛋白、蛋黃不用完全混合，這樣煎起來口感才滑嫩。

5 不沾玉子燒鍋，不需要放很多油，我習慣用薑沾油塗刷鍋面，而非廚房紙巾。

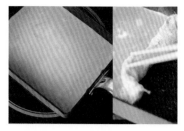

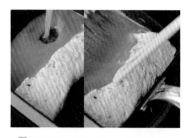

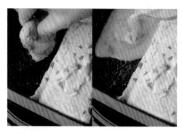

6 轉中火至大火之間加熱，倒入一層薄蛋液，新手不要貪多，比較容易操作，靜置加熱至半熟，轉小火，注意邊緣比較快熟，邊緣離鍋就可以捲起來。第一層我習慣用筷子從下面向上捲，有些人喜歡從上而下，自己順手即可。

TIPS：
不用等全熟，蛋太熟會無法黏合。

7 倒入第二層蛋液，傾斜燒鍋，蛋卷向下推，掀起讓蛋汁流向底部，搖晃，讓蛋液均勻分布。蛋卷變厚時，用筷子翻捲，難度會增加，若翻捲失敗，樣子很醜，沒關係，放回去，半熟的蛋液稍後會再度黏合起來。

TIPS：
若蛋液膨脹起來，戳破即可。

8 捲起後等一等，再捲，塗油。倒入第三層蛋液，用平面的木鏟，比較容易操作。

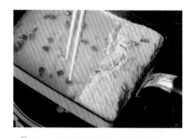

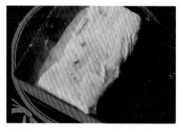

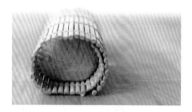

9 每次倒入蛋液後傾斜燒鍋，可讓蛋液分階段煮熟，剩下的蛋液再搖晃，均勻滑滿燒鍋，當接觸鍋底的蛋液已經定形，上面的蛋液還是半熟的狀態，捲起來就可以黏合，蛋卷裡面不會出現空隙。

10 若鍋子太熱，開始捲之後把火力轉小一點，不要讓蛋熟得太快，比較容易成功，4顆雞蛋可以做六層。

11 最後一層，推壓至鍋邊，定形，離火，趁熱放在竹簾上定形，也可以用保鮮膜或鋁箔紙〔錫紙〕。

12 輕輕用手加壓竹簾，剛出鍋的蛋卷裡，半熟的蛋液還可能在流動，靜置 5～10 分鐘冷卻，冷卻後切開。

13 撒上混合好的抹茶粉和鮮味粉。

💡 小叮嚀

煎玉子燒好像練神功，每進一層難度越高，從蛋和高湯的比例、打蛋的方法、煎蛋的竅門，每一個細節，直接影響成品。多練習幾次，熟悉家裡爐具的脾氣，就會越來越好。

抹茶胡麻沙拉

— 清新脫俗的全蔬輕食 —

　　蔬菜的清甜與微甘的茶韻於口腔內蔓延開來，兩者巧妙融合成嶄新感受，搭配煎至外酥內軟的豆腐，豐富了口感，而油菜與抹茶結合的鮮綠色，令人驚艷但又不感到負擔，充滿全蔬食田園氣息！

肥丁說說話

　　使用高級抹茶調和出創意沙拉醬，配方裡的每一種蔬菜，各自扮演重要的角色，各種材料比例搭配適當，味道就能和諧融合，不會互相衝突，以味道複雜的蔬菜高湯點睛，以芝麻醬增稠，完全不覺得清淡寡味。

[材料]

沙拉醬〔沙律醬〕

油菜葉	180g
洋蔥	40g
紅蘿蔔	10g
馬鈴薯	40g
苦茶油或橄欖油	1 大匙
蔬菜高湯	210ml
自製芝麻醬	1 大匙
白胡椒粉	適量
海鹽	1/8 小匙
味醂	3 大匙
抹茶粉（瑞穗）	2 小匙
米醋	2 大匙

香煎板豆腐

板豆腐	300g
樹薯粉〔木薯粉〕	2 大匙

沙拉食材組合隨意

綜合沙拉菜（羅馬萵苣、火箭、BB 菠菜或你喜歡的菜）
大番茄、聖女番茄〔車厘茄〕、黑胡椒粉

自製沙拉醬

1 油菜用細流水沖洗 10 分鐘，只取菜葉部分。

2 洋蔥、紅蘿蔔、馬鈴薯去皮，全部切塊。

3 鍋裡加少許油，洋蔥、紅蘿蔔、馬鈴薯下鍋炒軟後，放入油菜葉，轉中大火炒軟，再放入自製的蔬菜高湯塊。

4 轉小火，煮至沸騰。

5 倒入果汁機或食物處理機攪打，加入味醂、芝麻醬，撒鹽或胡椒調味。

6 攪打成綿密順滑的蔬菜泥，篩入抹茶粉，攪拌均勻，最後加入米醋，抹茶沙拉醬完成。

香煎豆腐

7 沙拉醬可放入乾淨消毒的玻璃罐，冷藏保存 1 週，冷凍 1 個月。

1 板豆腐切細丁，放入煮滾的水裡面燙 5 分鐘，起鍋備用。

2 板豆腐切細塊，每一面沾上樹薯粉，靜置約 10 分鐘，讓豆腐的水分吸收樹薯粉。

組合成沙拉

3 油鍋燒熱，放入少許油，將豆腐的每一面煎至金黃。

盤中放入羅馬萵苣、豆腐、番茄等喜歡的食材，淋上抹茶沙拉醬，撒上些許黑胡椒粉，翻拌均勻即可。

自製蔬菜高湯

抹茶燕麥木糠布丁

—— Pantone 式漸層的治癒感 ——

特地選用燕麥、優格等低脂食材，富有膳食纖維，還有飽足感。就用這道料理，享用充滿 Pantone 時尚感的早餐或下午茶，讓心情一整天都美美的。

葡式甜點木糠布丁，一層加糖打發的鮮奶油和一層餅乾碎，舀一小匙吃下去，鮮奶油和餅乾結合起來，香軟中帶酥酥的口感，一軟一硬一點也不違和，可是熱量甚高。

有一天做穀麥 Granola 時得到啓發，試著把烤過的燕麥和玄米粉碎，口感極像了餅乾碎。再以希臘式優格〔乳酪〕取代鮮奶油，加入火龍果增加天然甜味。視覺上層層疊疊、綠意盎然，實在太治癒了。

[🌿 材料]

（份量：4 杯，每杯 300ml）

穀麥

傳統原片大燕麥	200g
杏仁薄片	60g
楓糖漿	60ml
玄米油	2 大匙
海鹽	1/4 小匙

其他

玄米	50g（見 P.57）
希臘式全脂優格	400g
白肉火龍果	240g
抹茶粉（宇治光）見步驟 4	

穀麥

1 均勻混合穀麥的材料，靜置 10 分鐘，預熱烤箱 150℃。

2 平鋪在烘焙紙上，送進烤箱，150℃ 烤 10 分鐘，打開烤箱門疏散水氣。

3 130℃，再烤 5 分鐘，變成金黃色。

燕麥木糠布丁

1 穀麥混合玄米，用調理機打成粉末，秤出每一層的重量：（由下至上）
- 第一層 30g
- 第二、三、四層各 20g
- 頂層 10g

2 火龍果切成四份，在果肉上切格子，不用切斷果皮，從邊緣削下果肉，放入保鮮袋，密封，鋪平，放進冷凍庫急凍成冰。

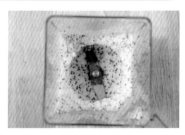

3 火龍果用調理機打成冰沙。

4 秤出優格的重量，按不同的比例加入火龍果冰沙，從最淺色開始攪拌，調出三種漸層深淺不同的顏色，拌勻後，放進冰箱冷藏備用。

- ●白色層 100g 優格
- ●淺綠色 20g 火龍果沙冰＋95g 優格＋ 1/8 小匙 抹茶粉
- ●粉綠色 40g 火龍果沙冰＋75g 優格＋1/2 小匙 抹茶粉
- ●深綠色 145g 火龍果沙冰＋40g 優格＋1 小匙 抹茶粉

5 開始裝杯，底部放入第一層穀麥粉（30g），搖晃使平均分布，用湯匙輕輕壓緊穀物粉，水平線就更漂亮 。

6 放入原味希臘式優格，用小刮刀輕輕推向杯壁，優格不要沾到杯壁的其他位置，若沾到杯壁，用沾濕的廚房紙巾擦乾淨，分層才清晰漂亮。

7 依序放入一層穀麥粉（20g），一層淺綠色火龍果優格，一層穀麥粉（20g），粉綠色火龍果優格，一層穀麥粉（20g），深綠色火龍果優格。

8 最後撒上薄薄一層穀麥粉（10g），用湯匙均勻壓平，再用廚房紙巾擦拭乾淨杯緣。

9 冷藏 1 小時，希臘式優格會硬一點，口感更像傳統的木糠布丁。

📝 肥丁小教室

　　希臘式優格 Greek Yogurt 在脫脂過程中除去了部分乳糖，其脂肪、糖及碳水化合物含量相對較低，黏性更好，稠度介於優格和起司之間，比傳統優格濃稠，不會被穀麥粉快速吸收水分而塌下。

抹茶燕麥木糠布丁

抹茶漸層吐司

—— 那一抹小清新的迷戀 ——

漸層色抹茶吐司，抹茶濃度層層漸進，慢慢品嚐不同濃度的茶香，加入蜜漬金時豆，為抹茶青澀添加一點甜。

✏ 肥丁說說話

全植物配方的麵包沒有雞蛋、奶油〔牛油〕和牛奶，口感容易乾硬。我利用糊化煮熟的「湯種」鎖住麵團大量的水分，使麵包放兩三天都不會變硬。湯種麵團很黏手，對於喜歡手揉或家裡沒有打麵團機器的朋友較爲困難。結合「湯種」和「水合法」的幫助，麵團伸展不佳和保濕的問題迎刃而解。

[🌿 材料]

純素

湯種

高筋麵粉......................25g
清水..........................100ml

主麵團

高筋麵粉......................340g
Demerara 原蔗糖 或 二 砂
糖..............................20g

豆漿煉乳或牛奶煉乳..20g
30℃溫水 150ml
耐高糖速發酵母 5g
（我用白神山酵母）
鹽 .... 1/4 小匙
冷壓初榨橄欖油 .....2 小匙

天然色素粉末

紅火龍果粉............1 小匙
抹茶粉（奧綠）.......1 小匙
抹茶粉（奧綠）.......4 小匙

餡料

蜜漬金時豆或蜜漬紅豆50g
（見 P.94）

1 製作湯種。高筋麵粉混合室溫水，攪拌至麵粉溶化，中火加熱，攪拌到有點黏手的半透明狀態，用溫度計測量麵糊到達65℃，立刻起鍋，冷卻備用。

TIPS：
留意溫度！小心別加熱過度，使麵糊變硬。

2 以 30℃溫水溶解原蔗糖，攪拌均勻溶化成糖水。

3 高筋麵粉加入自己做的豆漿煉乳〔煉奶〕、糖水，攪拌成麵屑狀。加入湯種，攪拌均勻，讓麵屑慢慢吸收湯種。

※ 豆漿煉乳做法見 P.101

4 混合搓揉到麵團集中成一團，沒有乾粉就可以了，蓋上保鮮膜，放進冰箱靜置 60 分鐘。澱粉在高溫下容易老化，水合的過程最好在低溫進行。從冰箱取出麵團，麵粉的蛋白質和水結合，不用搓揉便能形成麵筋。之後再揉麵團，麵筋網絡會更強更有力。

📝 **肥丁小教室**

　　水合法經常被運用於歐包或免揉包的製作。麵粉裡的蛋白質不溶於水，但澱粉溶於水。水合法利用麵粉成分裡水溶性的差異，讓麵團內部成分「互相排擠」，不溶於水的物質聚在一起，只要時間夠長，就能形成麵包的骨架「麵筋網絡」。有了水合法的幫助，麵筋自然形成，跳過了剛開始搓湯種麵團時，麵粉和水極度黏手的階段，加以適量的搓揉，薄膜就可以輕易形成。

5 輕輕拉開麵團，放入速發酵母，揉進麵團裡。再拉開麵團，加鹽，輕輕搓揉。甩打麵團約 10 次，麵包會因為一次次的拉伸，蛋白質更好的串聯手拉手。

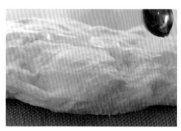

6 最後把油輕抹在麵團表面，靜置 5～10 分鐘，讓麵團吸收，再搓揉一會兒，麵團表面很快就會光滑。

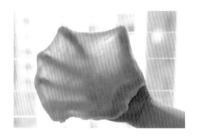

7 蓋濕布放進冰箱靜置約 10 分鐘，切一小塊，輕輕延展麵團，確認麵筋形成薄膜。若不想手揉，可用麵包機攪拌模式揉麵約 10 分鐘，攪打後連同揉麵桶放進冰箱，靜置約 10 分鐘。麵團鬆弛後，更容易撐起薄膜，薄膜穿破的邊緣是光滑的，也不黏手，這樣的麵團，可做出有彈性鬆軟的麵包。

8 取染色用的天然色素粉末，紅火龍果粉及抹茶粉，備用。

9 把麵團分割麵團成 3 等份，用電子秤仔細量度，每份用手滾圓，為了讓麵團發酵速度一致，未處理的麵團蓋濕布，放進冰箱冷藏。

10 取一份麵團。拉開成薄片狀，撒上紅火龍果粉，捲起麵團，搓揉均勻即可，滾圓後朝下緊捏收口，放回冰箱冷藏。

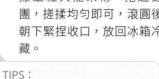

TIPS：
加入天然色素粉末時不要噴水，否則麵團十分黏手，較難搓揉均勻。

11 取出兩個白麵團，製作抹茶麵團。拉開麵團，分別撒上不同比例的抹茶粉，使抹茶粉均勻布滿麵團，盡量別讓粉末四散。使用前，記得抹茶粉一定要過篩呦！

12 捲起麵團，輕輕搓揉，讓麵團均勻染色，並滾圓。如有麵包機，手揉跟麵包機可同時進行，節省時間。

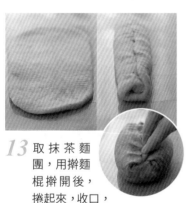

13 取抹茶麵團，用擀麵棍擀開後，捲起來，收口，用手指輕壓排出多餘的空氣，以擀麵棍縱向延展。

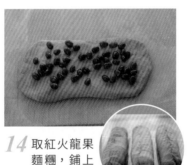

14 取紅火龍果麵糰，鋪上蜜漬紅豆，別貪心鋪太滿，麵團會形成大洞，依相同方法，完成三色麵團。

15 將麵團放進吐司模排好，放入蒸烤爐 40℃，發酵約 1 小時，若烤箱無蒸氣功能，可先預熱至 40℃後關掉電源，放一杯熱水進去，再放入麵團後關上烤箱門，進行二次發酵。

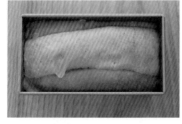

16 麵團發酵至模具的 8 分滿。從烤箱取出麵團，預熱烤箱至 170°C，放入麵團，以 170°°C烤 30 分鐘，天然色素不耐高溫，烤箱的溫度不能太高。

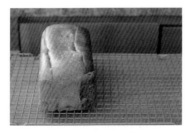

17 烘焙完成後，移到網架上散熱冷卻 30 分鐘，放涼後切片才漂亮，隔夜的湯種麵包，仍然鬆軟有彈性。

抹茶漸層吐司

抹茶玫瑰湯種饅頭

── 美到不忍心吃掉 ──

很多人好奇為什麼春天是屬於抹茶的，因為春季第一期採收的茶葉是最甘甜的，新鮮製成的抹茶越早食用風味越好。從春天的抹茶得到了靈感，麵粉裡撒入抹茶粉和紫地瓜粉，調出清新脫俗的色調，除了造型美麗，還飄著淡淡的茶香，饅頭也能吃出清新雅致的意境。

肥丁說說話

饅頭放涼或過夜後變硬，美味程度大減，家人每次一看到隔夜饅頭，都不免顯得興致缺缺，但棄之又浪費。我用 65℃湯種法，在麵團裡加入熟麵糊，鎖住大量的水分，提高麵團的持水量，使麵團氣泡細化。結果一試驚艷，真的超綿超軟，組織更有彈性，由於保濕時間得以延長，放上兩三天，加熱吃冷著吃，一樣的綿密柔軟。

[🌿材料]（份量：28 個）

純素

湯種

中筋麵粉......................50g

無糖豆漿....................260g

麵團

中筋麵粉....................600g

Demerara 原蔗糖.......30g

速發酵母......................3g

無糖豆漿....................160g

油............................10g

調色

抹茶粉（宇治光）....2 小匙

紫地瓜粉..................2 小匙

1 製作湯種，無糖豆漿混合中筋麵粉，輕輕攪拌至麵粉完全溶化，放入平底鍋，小火加熱，慢慢攪拌，鍋底的麵糊開始黏稠，加速攪拌成均勻的麵糊，麵糊到達 65℃，離火，放入碗裡，緊貼一層保鮮膜，放進冰箱冷藏過夜。

2 無糖豆漿加入原蔗糖，攪拌均勻至糖完全溶化，加入速發酵母、油及中筋麵粉，用刮刀攪拌成麵屑狀，加入湯種，揉成粗糙的麵團。

3 將麵團分割成 4 份，完成的麵團放入保鮮袋，未用的麵團放進冰箱冷藏備用。

4 製作 4 種顏色的麵團，麵團可以雙手搓揉，或用麵包機攪拌。為了加快揉麵的速度，手揉白色麵團，另一邊用麵包機揉紫色麵團，麵團搓揉至表面光滑。紫色麵團放進冰箱冷藏。

●白色麵團 315g
●紫色麵團 315g ＋ 2 小匙紫地瓜粉

5 抹茶粉過篩，按比例分別加入兩個麵團裡，麵團包裹抹茶粉，揉合均勻，手揉和麵包機揉麵同步進行，麵團放入保鮮袋放進冰箱冷藏。

●淺綠色麵團 210g ＋ 1/2 小匙抹茶粉
●深綠色麵團 210g ＋ 1 又 1/2 小匙抹茶粉

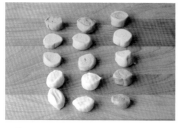

6 每種顏色的麵團滾成圓條狀，用大頭針戳破大氣泡，切割成等量的小麵團，捏圓，放入保鮮袋，放進冷凍庫（攝氏 0℃以下），約 1～2 小時內完成整形，麵欄不會結冰。

●白色麵團分成 21 份
●紫色麵團分成 21 份
●淺綠色麵團分成 14 份
●深綠色麵團分成 14 份

7 從冷凍庫取出小麵團：三白，一淺綠，一深綠色。取一個白色麵團，切割一小份搓成橄欖形狀，做花心，其餘麵團壓扁，擀成約 10 公分手掌大小的薄圓形麵皮，邊緣擀薄一點會，花形更好看。

8 依序疊起薄圓形麵皮：白、白、白、淺綠、深綠。將橄欖麵團放在白色的一端，從白色麵皮包裹橄欖麵團，開始往上捲起，對半切開。

9 饅頭放在烘焙紙上，捏塑玫瑰的底部，固定在烘焙紙上，調整花形與桌面呈垂直 90 度，發酵後比較不容易變形。輕輕推開花瓣，花形更漂亮，切去花托部分多餘的麵團。

10 每個玫瑰花饅頭整形需要時間，為了統一發酵時間，將整形完的饅頭排好放在食物盒裡，放進冰箱冷藏。紫色饅頭的作法同步驟 7～9，只需麵團從三白改成三紫即可。

11 所有饅頭完成後，排好放在蒸籠裡，每個保留一些的距離，放進蒸烤爐 30℃ 發酵 20 分鐘，進行第二次發酵。或蒸籠內放滾水，蓋好，發酵 20 分鐘。饅頭拿起來，手感輕盈就可以開始蒸了。

▲ 發酵完成，體積明顯變大

12 **使用蒸烤爐：**從預熱開始計時蒸 10 分鐘，我的蒸烤爐預熱需要 6～7 分鐘，設定 100℃ 蒸 3 分鐘，蒸熟了不要立即打開門，用布巾卡著，留一小門縫慢慢釋放蒸氣，避免饅頭的溫度急速變化，產生皺皮，10 分鐘後才取出。

使用蒸籠：倒掉鍋裡的水，再加入滾水煮至沸騰，放入蒸籠，用布包著鍋蓋防止水氣倒流，中大火蒸 10 分鐘，熄火，不要立即打開鍋蓋，鍋蓋稍微掀開一小縫，待 5～10 分鐘後才完全打開。

> 💡 **小叮嚀**
>
> 由於麵團含有酵母，造成每片玫塊花麵團擀薄後，捲起來時容易產生氣泡。此時，只要將未使用的麵團全部拿去急凍，讓酵母睡覺就不會產生氣泡，在 1～2 小時內完成整形即可。如果麵團結冰，請放到冷藏室退冰。若發現饅頭表面有氣泡，也不用灰心，用針刺穿氣泡，蒸好的麵團一樣光滑。

抹茶玫瑰饅頭

Part 3
冷熱都好喝！
抹茶飲品

抹茶清新茶香中略帶微苦的風味，
正是許多人著迷於那抹翠綠的原因，
在此精選抹茶經典風味＆人氣款飲品，
道道甘醇深邃，值得抹茶控細細品嚐！

抹茶的刷泡方法

　　現今層出不窮的抹茶飲料，離不開熱泡或冷泡，各有風味和優點。熱泡會逼出兒茶素的苦味，釋放更多咖啡因成分，茶味濃郁，香氣和苦味較明顯，也容易刷出茶沫，熱的抹茶飲品要盡快品嚐，否則很快氧化，影響顏色和風味。

　　冷水浸泡，茶葉中溶出的茶單寧、咖啡因等苦味物質較少，幫助抹茶釋出甜味的胺基酸，苦味比較少，茶湯甘醇甜美，減少對腸胃的刺激，適合對單寧酸比較敏感，容易失眠的朋友。冷泡可延緩抹茶氧化，冷藏12 小時後，顏色還是很鮮綠。

　　刷泡的抹茶，軟水最能表現茶的原味，隨著水質硬度提高，兒茶素越難釋放。軟水是礦物質較少的水，例如蒸餾水、純水、礦物質少的自來水都適合泡茶，對茶湯風味影響較小，礦泉水就沒那麼合適了。

熱泡抹茶 · 手工點茶

1 茶碗放入大碗裡，倒入剛剛煮滾的水，至淹過茶碗。若用新的茶筅，穗頭泡在熱水裡，茶筅穗頭泡開後拿走，倒掉熱開水。

2 將滾水轉移到另一個容器，溫度會稍微下降一點，轉移兩次後，水溫大約呈80℃，用較低溫的水沖泡能帶出抹茶的鮮味，用煮滾的水則會把更多澀味泡出來。

3 茶碗裡篩入抹茶，水沿著碗壁緩緩流入降溫的熱開水。

4 用茶筅混合抹茶與熱開水，直至沒有粉粒，茶筅不要碰觸到碗底。

5 再加大動作，從碗底開始攪拌晃動，將抹茶湯刷出氣泡，先刷出泡沫是為了降低苦澀，凸顯茶葉的甘甜。

> TIPS：
> 刷茶的要點在於握住茶筅，不過度用力地一口氣刷出泡沫。

冷熱泡抹茶 · 用電動奶泡器便捷點茶

在日常生活中輕鬆享用抹茶，使用電動奶泡器是簡單又便利的方法，很快就能打起密密麻麻的細泡，增添口感風味。

選有蓋的寬口瓶，方便抹茶過篩。

冷泡

倒入一半的涼開水，用電動奶泡器快速均勻地打出細膩的泡沫，再加入剩下的涼開水、冰塊，蓋好。

熱泡

倒入 70 ～ 80℃的熱水，電動奶泡器放入水裡約 1 ～ 2 公分，啟動，攪打至泡沫出現，即可享受美味的抹茶。

放入冰箱，冷藏 2 ～ 4 小時，讓抹茶的香氣充分滲透，冷泡的溫度和時間容許度很大，24 小時內飲用完畢。

玄米抹茶

—— 茶香米香交融，心曠神怡 ——

養胃利腸的玄米和抗氧化養生的抹茶結合，抹茶清香和炒米焦香交融，清香優雅。吃太多美食了，腸胃「堵堵」好難受，喝一杯不加糖的玄米抹茶，幫助消化；冬天在外頭吹了冷風回家，喝一杯熱泡玄米茶很暖身；在夏天炎熱的季節裡，喝冷泡玄米茶，清涼止渴。

肥丁說說話

糙米也稱玄米，糙米是稻米脫殼後的米，保留粗糙的外層，屬於全穀類食物，擁有完整的稻米營養。玄米泡茶後，微量元素和礦物質更容易被人體吸收，有獨特的雋永幽香，喝過一次就愛上了。

[材料] （份量 2 杯）

玄米 ....2 大匙
滾水 400ml

熱泡

抹茶粉（早綠／朝日）..2g
80°C熱水 100ml

冷泡

抹茶粉（早綠／朝日）..2g
涼開水 300ml
冰塊 50g

熱玄米抹茶

1 預備熱泡的抹茶 100 ml （參考 P.53）。

2 保溫瓶放入玄米，沖入滾水，加蓋悶 1 ～ 2 小時，玄米熟了開花，聞到米香，玄米茶泡好了。

3 抹茶混合玄米茶，不加糖更健康。

冷泡玄米抹茶

1 預備冷泡抹茶 350 ml （參考 P.54）。

2 玄米茶倒出放涼，加入冷泡抹茶，喜歡甜的，可加入蜂蜜或楓糖漿享用。

玄米抹茶

自製炒玄米

1 糙米用清水淘洗乾淨，放入網篩瀝乾水分。

2 鐵鍋裡不放油，先用中火烘乾水氣，再用小火慢慢炒至乾鬆，炒米粒要恰度好處，米殼微微開花即可，你會聽到米粒爆開的聲音。米粒炒得不透，香味較差，炒至過老，米粒炭化，產生焦氣容易上火。

3 放在網篩上攤涼，涼透後裝密封玻璃罐防潮，可保存半年或以上。

抹茶甘酒

　　甘酒加入茶道級的高級抹茶，酒香茶香協調起舞，帶有顆粒感的甘酒，在咀嚼間能嚐到如白米咬久後散發的甘甜，醇潤且餘韻綿綿，從舌尖到喉韻襯托抹茶回甘，每一口的滋味簡單且純粹。

甘酒的原理跟甜酒釀差不多，味道也很相似，但是甘酒的酒精含量一般少於 1%，也就相當於零酒精，被視爲「營養補給聖品」，日本傳統在新年寺廟祭拜時喝熱甘酒，不只身體暖暖的，心情也明亮起來。夏天放入冰箱冷藏，又冰又清甜，消暑舒暢。

[🌿 材料]

抹茶粉（早綠／朝日）.......... 5g
80℃熱開水........30ml（第 1 次）
自製甘酒或買現成的........3 大匙
80℃熱開水.. 170ml（沖調甘酒）

1 抹茶粉加入 30ml 熱開水攪拌 15 秒，徹底將抹茶打散成濃茶，刷出表面有濃厚的淡綠色泡沫。

2 甘酒混合熱開水，加入抹茶，即可享用。

自製甘酒

自製甘酒

1 糯米沖洗一下，不要用力淘擦，保留澱粉質。用網篩瀝乾水分，不要抖動。

2 加入新的清水，用調理機打成米漿，打成米漿比煮成爛粥，澱粉質更容易被分解，出糖更多。

3 小火加熱，煮熟成米糊，多攪拌，別讓澱粉質沉底沾鍋，約 3～4 分鐘煮熟，呈現很濃稠不流動時，離火，攪拌放涼。

4 降溫至 60°C，把結塊的米麴，捏碎，分 2 次拌入米糊，攪拌均勻，很快就會看到氣泡浮起來，發酵溫度保持在 50～60°C，發酵 6～8 小時。肥丁的蒸烤爐有發酵保溫的功能，可長時間恆溫的電器，如電鍋、優格機都可以。

5 糯米的澱粉質被分解成糖分，濃稠的米糊轉化成稀釋的液體，完成發酵後，嚐起來甜味濃郁，像甜酒釀但沒有酒味，就成功了。

6 小火加熱 10 分鐘，溫度超過 70°C，把米麴菌殺死，停止發酵。沒有高溫煮過的甘酒，若放入冰箱仍然低溫持續發酵，幾天後便會變酸和有酒味。

7 放涼，倒入玻璃瓶保存，冰箱可存放約 1 個月。

[材料]

圓糯米 .... 200 g
米麴 .... 200 g
清水 .... 500 ml

漸層抹茶咖啡

　　現刷的抹茶與鮮奶做出絕美的漸層，有誰捨得攪拌？用吸管吸一口，首先感受咖啡的濃郁，將整個味蕾全部喚醒，再輕輕攪拌一下，咖啡、牛奶、抹茶稍微混合，更為順口。當咖啡香氣還停留在口腔裡，舌尖傳來微微甘苦的抹茶回韻，再多的煩惱也被拋諸腦後。

由於抹茶是茶葉使用石臼磨成很細的粉末，並不會溶於水中，飲品靜置一段時間後，便會如雪般飄飄沉落於底。抹茶是主角，咖啡種類按自己喜好就好，方便的掛耳式滴漏咖啡包也是不錯的選擇。

[材料] (份量：350ml)

抹茶粉（宇治光）	1 小匙
80℃熱水	60ml
牛奶／豆漿／椰奶	80ml
冰塊	60g
掛耳式滴漏咖啡包	1 個
滾水	150ml
轉化糖漿	2 大匙

1 滾水沖泡掛耳式滴漏咖啡包，泡 5～10 分鐘，拿走濾袋，加入轉化糖漿，攪拌均勻。

2 加入冰塊，用湯匙逐漸加入你喜歡的奶類，可避免太快混合在一起。糖漿改變咖啡的濃度，密度增加，沒加糖的牛奶密度小，就會浮在咖啡上面，做出漂亮的分層。

3 逐漸加入冷泡抹茶，有些人喜歡倒在湯匙背，我覺得都差不多，哪一種方法順手，大家隨意。只要不攪動，漸層可維持一段時間。

自製轉化糖漿

[材料]

Demerara 原蔗糖 或 二砂糖 100g
檸檬汁 .... 1 小匙
清水 .... 100 ml

1 Demerara 原蔗糖加水，煮滾後以最小火慢煮約半小時，儘可能不要攪拌，搖晃一下鍋子，防止原蔗糖沉澱鍋底煮焦。

2 糖水加熱後，蒸發水分，使蔗糖產生水解，分解成果糖和葡萄糖，糖水濃度越來越高。加入檸檬汁（果酸）幫助糖轉化，防止反砂結晶，輕輕攪拌一下。

3 湯匙能劃出痕跡，就是適合沖調飲料的稠度，用原蔗糖做的含有甘蔗的清香，比白砂糖做的味道更好，轉化糖漿可存放室溫 2～3 年。

肥丁小教室

Demerara 原蔗糖，是甘蔗汁揮發水分後剩餘的水晶，是煉糖第一次結晶，然後切碎，沒有二氧化硫漂白，含有甘蔗的清香，沖調咖啡的味道非常棒。

抹茶咖啡

抹茶起司奶蓋

—— 一口濃抹茶一口濃密綿密 ——

　　沖泡好茶初心不變，勇敢跳出傳統，原來抹茶與起司〔芝士〕可以有這樣的默契，在抹茶上方蓋一頂雪白的帽子，香醇濃郁的抹茶降低奶類的甜膩度，喝起來十分清爽。每次讓人最糾結的是，要先喝上面的泡沫奶蓋，還是先喝下面的濃抹茶。

我在動物性鮮奶油基底下，加入帕瑪森起司〔Parmesan 芝士〕，使奶蓋的口感更豐富。捨棄只有死甜味的白砂糖，楓糖漿獨特醇厚香氣，彷彿給了它新的生命，使奶蓋風味更上一層樓。

[材料]（份量 250 ml 兩杯）

奶油乳酪〔忌廉芝士〕..30g		牛奶 100g	
刨成細絲狀的帕瑪森起司 ....2 小匙		岩鹽 ....1/8 小匙	
		冰塊 120g	
楓糖漿 30g		冷水 300ml	
鮮奶油 60g		抹茶（宇治光）........2 小匙	

1 帕瑪森起司，奶油乳酪、楓糖漿、岩鹽放入小鍋裡，小火加熱至約 40℃，輕輕攪拌。

2 待奶油乳酪軟化，無須等到完全溶化，只要變成小粒塊，便可以離火。

3 用電動奶泡器，打發約 1 分鐘，送進冰箱冷藏約 10 分鐘，喜歡泡沫更細膩，從冰箱取出後，可再攪拌一次。

4 杯裡倒入冷泡抹茶，加入冰塊，最後倒入起泡的奶油起司即完成。

蝶豆花檸檬抹茶

—— 星空夢幻的解渴情懷 ——

　　兩大熱門食材蝶豆花和抹茶攜手，北極光冷色系駕到暑氣全消。蝶豆花茶淋上檸檬汁後變成紫色，襯托出紫綠漸層的優雅，酸甜的口感就是夏天專屬的味道，抹茶柔和不強勢，當口中檸檬酸味消失後，留下的是淡淡的抹茶尾韻。

肥丁說說話

　　蝶豆花茶本身沒什麼味道，我用原蔗糖做轉化糖漿，還帶有一點甜的甘蔗香氣。

[⚘ 材料]

（份量：400 ml）

蝶豆乾花 .... 15 朵
滾水 .... 250 ml
檸檬汁 .... 1 小匙

冷泡抹茶

抹茶粉（早綠）.... 1 小匙
冷水 .... 150 ml
轉化糖漿................2 大匙
（見 P.61）

1 蝶豆花乾放入茶篩裡，加入熱水沖泡約 10 分鐘。

2 加入轉化糖漿，由於轉化糖漿有檸檬的酸性，加入後便會變為紫色。

3 加入檸檬汁和冰塊，便會變為粉紅色。最後加入冷泡抹茶，即可享用。

💡 小叮嚀

由於蝶豆花有收縮子宮與抗凝血的作用，因此生理期或孕婦不適合飲用。

抹茶果昔

── 快手營養美味的一抹綠 ──

　　即使忙起來，早餐也不能馬虎，一早起來，還有什麼比只需花 5 分鐘的營養果昔更省時？抹茶、羽衣甘藍增加色彩濃度，青蘋果鳳梨讓果昔充滿甜蜜，榛果醬提供健康的脂肪，螺旋藻粉中 60 ～ 70% 都是蛋白質，也富含鐵元素，使人精力更充沛，同時增強身體抵抗力。

純素

[材料]

羽衣甘藍.................50 g	薄切薑片...................1 片
青蘋果 ....50 g	螺旋藻粉............1/2 小匙
鳳梨〔菠蘿〕..............70 g	（ 選擇性加入 ）
自製榛果醬或其他堅果醬	清水 ....200 ml
.........................1 大匙	抹茶（宇治光）...... 1 小匙

1 羽衣甘藍放在流水中洗淨，煮一鍋滾水，放入羽衣甘藍汆燙約 30 秒，瀝乾。

2 青蘋果、鳳梨切丁，薑片去皮。

3 所有食材放入果汁機裡打成綿密的果昔即可。

抹茶粉圓豆漿

—— QQ 彈牙，療癒紓壓 ——

　　抹茶粉圓從黑糖珍珠變化而來，粉圓煮熟後再加入糖水裡煮成糖漿，部分澱粉質會溶在糖漿裡，形成黏稠的抹茶糖液，漿掛在杯壁上，撞入豆漿，便會出現濃綠色的斑紋，視覺效果驚艷，全蔬食的朋友可以用豆漿或堅果植物奶取代鮮牛奶。

　　抹茶粉圓需要高溫加熱煮熟，我用澀味較重且低價位的瑞穗做粉圓，最後淋上的濃抹茶，選色澤鮮亮的宇治光，與豆奶香交織出誘人的茶韻。

　　珍珠粉圓用大吸管吸入口中，嚼、嚼、嚼，身心瞬間被療癒。據說「咀嚼」這個動作，讓腦中的血流量增加，可以刺激腦部額葉的活動，提升思考力，還可以舒壓。

[材料]

純素

抹茶粉圓

（份量：150g）

抹茶粉（瑞穗） .....1 小匙

樹薯粉 70g

日本太白粉（馬鈴薯澱粉）

.... 30g

海藻糖 ....2 小匙

（不加糖可以省略）

滾水 100ml

抹茶粉圓豆漿

（份量：1 杯）

海藻糖 40g

清水 150g

抹茶粉（宇治光）....1 小匙

未煮熟的抹茶粉圓.... 100g

無糖豆漿................350ml

濃抹茶

抹茶粉（宇治光） ..1 小匙

80℃熱水 80ml

椰糖／黑糖粉圓

（份量：260g）

樹薯粉 140g

日本太白粉（馬鈴薯澱粉）

.... 20g

椰糖或黑糖.................40g

滾水 100ml

椰糖／黑糖粉圓鮮奶

（份量：1 杯）

椰糖或黑糖.................40g

清水 150g

未煮熟的椰糖／黑糖粉圓

.... 100g

鮮牛奶 300ml

抹茶粉圓

1 樹薯粉平均分成兩份，其中一份加入日本太白粉及抹茶粉，拌均。

2 滾水加入海藻糖煮至沸騰後，繼續大火煮約 1 分鐘。海藻糖水逐次倒入混合抹茶的樹薯粉，一邊攪拌，一邊倒入，快速攪拌成濃稠的糊狀，攪拌至沒有粉粒，很黏稠。

3 另一份樹薯粉和日本太白粉加入燙熟的麵糊裡，攪拌成雪花狀的麵屑，刮下黏在碗邊碗底的澱粉。

4 麵屑經過攪拌後稍為降溫，用手揉壓溫熱的麵屑，搓揉至碗和手都沒有乾粉的光滑麵團，多揉幾下，粉圓的嚼勁會更好。

5 滾圓麵團，按扁，用擀麵棍推開成長方形，切成顆粒大小一樣的方丁，搓圓比較費工，若不介意粉圓不是圓形，維持方丁就可以，注意粉圓煮熟後會膨脹，體積會比原來大一點。

TIPS：
未處理的麵團不用撕開，用濕布蓋好保溫保濕，溫暖的麵團會保持黏軟，容易塑形，動作要快一點，若冷卻後變乾硬容易裂開，噴點水。

抹茶粉圓

6 飯碗裡放入粉圓和少許日本太白粉，蓋上另一個飯碗，搖晃一下，粉圓便不會黏在一起。

7 煮一鍋滾水，水滾後加入粉圓，下鍋後立即攪拌一下，大火煮至沸騰，轉至中火煮約 5 分鐘。粉圓浮起來，轉至最小火，加蓋煮 20～25 分鐘，大粉圓煮熟的時間要長一點，悶至完全變成晶瑩剔透。

TIPS：
粉圓膨脹後會吸收很多水分，預備大一點的鍋和足夠的水分。

抹茶粉圓豆漿

1 小鍋裡加入海藻糖和清水，攪拌一下讓糖溶化，大火加熱，煮至沸騰後加入煮熟的抹茶粉圓，大火熬煮約 10 分鐘。

TIPS：
煮的時間依據爐具的火力，以及鍋子的大小厚度調整，剛開始時水分多，偶爾攪拌一下讓粉圓黏底。

2 粉圓表面的澱粉質開始溶在水裡，水分蒸發變成濃糖漿，就要多攪拌，並觀察糖漿的稠度，糖漿可以掛在鍋壁，刮出劃痕，就可以離火。

3 濃稠的糖漿包裹著粉圓，倒入杯裡，篩入抹茶粉，攪拌均勻，傾側旋轉杯子，讓糖漿掛在杯壁上。

4 一定要冷卻後，再加入冰過的無糖豆漿，以免抹茶斑紋很快溶化，無法長時間掛在杯壁上，飲用時攪拌均勻即可。

💡 小叮嚀

★煮熟的粉圓澱粉質會持續老化，在常溫放太久或冷藏都會變硬，所以吃多少，煮多少。

★沒有下鍋煮的生粉圓，放入保鮮袋裡，冷凍庫保存 3 個月至半年，冰過要更長的時間煮熟和悶熟。

★好吃的粉圓要選對澱粉，粉圓的主要材料是樹薯粉 Tapioca Starch，純樹薯粉口感太軟糯，加入馬鈴薯澱粉，也稱為「日本太白粉」或「片栗粉」，嚼勁會更好。廠商的名稱並不統一，購買時一定要留意原材料表，查看澱粉是由那一種植物提煉。由於粉圓熬煮糖漿後會變硬一點，所以樹薯粉和馬鈴薯澱粉比例跟一般的粉圓是不相同的。

★由不同植物提煉的澱粉，吸水率不同，烹調後表現有差異。不同廠商出品的粗細度、吸水度也有分別，正如不同地區出產的麵粉，做出來的麵包口感有差異一樣。這裡的配方液體分量以肥丁所用的廠牌為準，其他廠牌要有調整的準備。

Part 4
冰爽夏日！沁涼甜點

似火的驕陽，總叫人難以忍受，
此時來碗清涼又爽口的抹茶冰品，
一入口，暑氣馬上全消，
只留下抹茶那淡淡的回甘餘韻。

特濃抹茶冰淇淋＆冰棒

—— 意想不到的食材 ——

　　把吃不完的蒸地瓜，搭配冷凍火龍果和香蕉，誰也不搶誰的風頭。抹茶選用早綠，甘香少苦澀味，帶點抹茶迷人的尾韻，濃郁回甘。以夏威夷豆堅果醬取代牛奶，其豐富的油脂比其他堅果醬順滑，也不會掩蓋抹茶香氣，口感絕對不輸雞蛋奶油冰淇淋。若你擁有一台馬力強大的調理機，在短時間內把冷凍的食材打成綿密的狀態，事半功倍，口感更逼真。冰淇淋糊倒入冰棒模，即成抹茶冰棒。

　　以全蔬製作抹茶冰淇淋，食材本身不能有獨特味道，否則會蓋過抹茶的香氣。豆腐雖然沒有甜味，但有強烈的黃豆味，以及微微乾澀的口感；腰果太飽膩，質感較硬實；酪梨〔牛油果〕容易氧化變黑；椰奶風味太強，不能與抹茶和諧共處。經過多次嘗試，終於找到味道平衡的配方，請務必嘗試看看。

容器：搪瓷琺瑯盒 11.5×19×7.5cm，容量 1030 ml
份量：1 公升冰淇淋或 8 ～ 10 根冰棒，每根 100 ml

[材料]

純素

抹茶冰淇淋

白肉火龍果（去皮） 350g
黃地瓜 300g
小米蕉〔皇帝蕉〕....... 100g
夏威夷豆堅果醬或榛果醬
.... 60ml

茶道級抹茶（早綠）.... 30g
楓糖漿 60ml

純素巧克力脆皮

有機可可醬 250g
楓糖漿 45ml

抹茶冰淇淋 & 冰棒

冰淇淋

1 小米蕉、火龍果去皮，切丁，分別放入兩個保鮮袋，放入冷凍庫最少 2 小時或以上，變成冰硬的冰塊才能使用。

TIPS：
準備放入調理機打成泥時，請先掰開結塊。

2 地瓜洗淨。小條不用切，大條可切成兩半，縮短蒸熟的時間。中火蒸 20 ～ 30 分鐘，去皮，切丁，放涼。

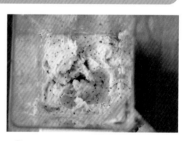

3 調理機裡放入黃地瓜、夏威夷豆堅果醬、小米蕉、白肉火龍果、楓糖漿。以低速先打碎食材，若感覺有些硬塊仍未攪勻，可靜待一會兒讓冰水果稍微回溫，然後調至高速，繼續攪拌至順滑綿密的狀態。

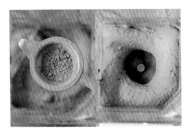

4 分2～3次篩入抹茶，低速攪拌均勻。抹茶的粉末非常幼細，冷凍蔬果先打至綿密，再加入抹茶，更容易混合均勻。

TIPS：
不同等級的抹茶，其茶香、苦味、色澤差異頗大，邊加入邊試味，調整份量。

5 剛攪拌好，質感像軟冰淇淋，放入琺瑯盒裡，蓋好。

6 放回冷凍庫2～3小時，冷凍凝固就可以挖球。若冰淇淋太硬，放置室溫約5分鐘再挖球，天然沒有添加物的抹茶，若長時間接觸空氣，開始氧化，顏色變得暗沉是正常，冷凍3天後挖的冰淇淋球，顏色變暗，但不影響味道。

冰棒

1 抹茶冰淇淋倒入冰棒模具裡，模具輕敲桌面，排出空氣。用竹籤戳破裡面的小氣泡，以免成品坑坑洞洞。蓋好，插入食品級的木棒，送進冷凍庫，冷凍速度依據冰箱的製冷效能。

2 巧克力脆皮：隔水加熱溶化有機可可醬，加入楓糖漿，攪拌均勻。

3 敲碎核桃，或你喜歡的堅果。

4 冰棒凝固就可以脫模，冰棒放入熱水約10秒，脫模，立刻裹上巧克力醬，巧克力快速冷卻形成脆皮，在巧克力未凝固之前，灑上裝飾碎堅果。若想要品嚐抹茶迷人的尾韻，巧克力醬也可隨意淋在冰棒上。

☑ 肥丁小教室

有機可可醬以經過研磨的可可粒製成，純素不含麩質，無糖。

抹茶杏仁豆腐

—— 帶給夏日一絲清涼 ——

　　使用南北杏打成的杏仁茶，沒有古怪刺鼻的化學香精味，風味醇厚清香，加入黃豆和百合，香味更濃郁和醇厚。以寒天作為凝固劑，做成直接舀起不散開的果凍狀和杏仁豆腐，綠悠悠的主色調傾斜相間，點綴以晶瑩透光的琉璃珠果凍，帶給夏日一絲清涼。寒天在室溫可以凝固的特點，適合攜帶參加聚會、野餐。

純素

[🥄 材料]（份量：4 杯，每杯 350ml）

杏仁茶

南杏	155g
北杏	30g
黃豆	40g
乾百合	30g
清水	2000ml

原味杏仁豆腐

杏仁茶	500ml

寒天粉	3g
楓糖漿	30ml
（或羅漢果糖 20g）	

抹茶杏仁豆腐

杏仁茶	500ml
抹茶抹（宇治光）	2 小匙
寒天粉	3g
白色羅漢果糖	25g

寒天果凍

水玄信餅專用寒天果凍粉	15g
冷水	350ml
切丁草莓、奇異果、芒果	適量

杏仁茶

1 大碗裡混合南北杏、黃豆、乾百合、清水浸泡 8 小時，瀝乾。

TIPS：
加入黃豆，能使杏仁茶更香更滑。

2 將所有食材倒入豆漿機，加入清水，煮成杏仁茶。我習慣在杏仁茶做好後才加糖，方便隨意調整甜度。

3 倒入布袋過濾，因為待會要溶解寒天粉，戴上隔熱手套，趁熱擠壓去渣，杏仁渣可放入保鮮袋冷凍，製作其他美食。

寒天杏仁豆腐

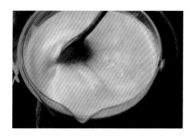

將寒天粉加入杏仁茶裡，液體沖入寒天粉，容易結塊較難溶解，加入楓糖漿作甜味劑，小火加熱到 80℃，寒天粉就會溶解。完全溶化後，倒入容器中，寒天杏仁豆腐回復室溫就會凝固，隔水加熱備用。

漸層杏仁豆腐凍杯

1 草莓去蒂切丁，奇異果去皮，芒果去皮切丁。也可以選自己喜歡的水果。

2 由海藻製成的寒天果凍粉加入冷水，攪拌幫助溶解粉末，小火加熱，待寒天果凍粉溶化得差不多，加入白色羅漢果糖，小火加熱至寒天完全溶化，變成透明的液體。

3 圓形模裡放入切丁水果，倒入寒天液體，蓋好，稍待一會兒，在室溫稍微凝固，送進冰箱冷藏 15 ～ 20 分鐘，就會凝固。剩下的寒天液倒入量杯，隔水加熱，備用。

TIPS：
因為內藏水果，寒天比例不能太低，否則取出來就散開。

4 另煮一鍋杏仁茶，加入寒天粉煮至完全溶化，抹茶過篩，分 2 次加入抹茶粉，用手動打蛋器，很快便攪拌均勻。

5 加入羅漢果糖，攪拌至完全溶化，倒入量杯裡，方便倒出。

6 杏仁茶、抹茶杏仁茶及透明寒天果凍液，隔水加熱保溫，否則寒天會在室溫凝固。

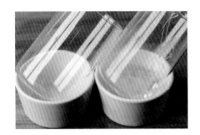

7 玻璃杯傾斜放在布丁杯上。

第 1 層：倒入透明寒天，草莓丁或奇異果丁，液體加入後杯裡有重量，可能會掉下去，放入冰鎮石塊墊底，可以幫助快速冷卻凝固，又能固定傾斜的角度，放進冰箱冷藏 10 分鐘。

第 2 層：兩杯分別倒入杏仁茶、杏仁抹茶，每一層冷藏約 10 分鐘，必須等到凝固，才能倒入下一層，否則便做不到顏色相間的效果，玻璃杯朝相反方向傾斜。

第 3 層：玻璃杯朝相反方向傾斜，倒入杏仁茶、杏仁抹茶，做到顏色相間的效果。

第 4 層：倒入透明寒天，加入水果丁，突顯晶瑩剔透的效果。

第 5 層：最後一層再次倒入杏仁茶、杏仁抹茶，等凝固後，放上水果和寒天水果球點綴裝飾。

✍ **肥丁小教室** ───────────

　　寒天 Kanten 從紅藻細胞壁萃取的植物凝固劑，而洋菜以一般海藻萃取物。寒天含有的蛋白質和多醣體，是洋菜沒有的，所以寒天算是高級洋菜，且含有大量水溶性纖維，吸水性高，凝固力強，用量很少就能凝固。寒天做的杏仁豆腐，口感較爲紮實，爽脆彈牙。

　　無論是加入吉利丁粉或寒天，不同的液體量搭配，可自由變化軟硬度。因爲品牌、液體成分等差異，會影響最終的硬度。杏仁茶比清水多了其他物質，凝固的硬度，跟用清水製作是不一樣的。若不熟悉寒天的使用量，可先從小分量開始，覺得太軟，稍微增加寒天，倒回鍋裡再次加熱重新溶解。

抹茶杏仁豆腐

抹茶愛玉布丁

—— 三種食材三種口感 ——

　　愛玉是一種很神奇的食物，是天然凝固劑，沒有甜味，是控糖減重的低卡食品。以 3 種不同的液體來揉洗，會產生不同的口感。櫻花愛玉，用清水的純愛玉，加入鹽漬櫻花，清香淡淡鹹味，入口即化；以抹茶揉洗，抹茶濃香軟Q清爽；以豆漿洗愛玉，加強了彈性和韌度，不容易鬆散，外表像布丁，口感似豆花，軟嫩細滑。

肥丁說說話

羅漢果糖的甜味並非來自果糖，而是一種抗氧化劑～羅漢果苷，羅漢果糖不含果糖及葡萄糖，屬於低升糖指數食品。我用的羅漢果糖由羅漢果萃取液及赤藻糖醇混合，不會有羅漢果的味道，也不會有強烈的餘味，沒有麥芽糊精，成分天然，涼味比赤藻糖醇低。

[🌱 材料]（份量：8 個，每份 80ml）

櫻花愛玉

涼飲用水	600ml
愛玉籽	12g
鹽漬櫻花	6 朵
白色羅漢果糖	2 大匙

抹茶愛玉

涼飲用水	600ml
愛玉籽	12g
抹茶粉（奧綠）	2 小匙
金黃羅漢果糖	2 大匙

抹茶豆漿布丁

無糖發芽豆漿	700ml
愛玉籽	10g
抹茶粉（奧綠）	2 小匙
白色羅漢果糖	4 小匙

[🔧 模具]

圓形硅膠模，圓形直徑 5 cm（每一份）

櫻花愛玉凍

1 鹽漬櫻花，以涼開水泡開花瓣，室溫浸泡約 30 分鐘，鹽漬櫻花超級鹹，換水沖洗 2～3 次，沖淡鹹味，取出瀝乾水分，放在模具裡。

2 愛玉籽放入窄長的量杯裡，倒入涼開水或礦泉水，再加入黃金羅漢果糖。

TIPS：
愛玉需要水中的鈣質幫助凝固，不要使用熱水或蒸餾水。

3 用手提攪拌棒最低速打 1 分鐘，我的攪拌棒 750W，依據機器的馬力調整時間，不能少也不能多，用攪拌棒取代人手揉洗，簡單方便又衛生。

4 完成的愛玉水呈淡黃色，立刻倒入棉布袋過濾，把果膠擠出來。泡沫出來便可停止擠壓，以免氣泡影響愛玉凝固的晶瑩感，洗好的愛玉有明顯的黏稠感，做好就不要攪拌。

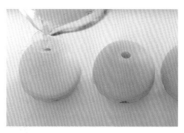

5 若要做成不同的形狀，立刻倒入模具裡，凝固後放進冰箱。

TIPS：
所有工具、棉布袋不能沾油，否則油汙會化解愛玉的活性物質，導致不能凝固。

肥丁小教室

以羅漢果糖提味，就不怕吃進一堆熱量和糖分。

抹茶愛玉凍

1 洗好的愛玉倒入榨長的容器，加入抹茶，用奶泡器打散抹茶。

2 倒入模具裡，抹茶愛玉的凝固時間，比純愛玉稍長一點，放進冰箱約 2 小時便會凝固。

抹茶豆漿愛玉布丁

1 溫熱的無糖豆漿加入 2 倍甜味白色羅漢果糖，攪拌均勻直至糖完全溶化，放涼後加入愛玉籽及抹茶。

TIPS：
為了保持抹茶的嫩綠色，使用白色羅漢果糖。

2 用手提攪拌棒打 1 分鐘，倒入棉布袋過濾，趕快擠出所有液體，手感覺有點黏稠膠質就對了。

3 立刻倒入模具裡，抹茶豆漿的凝固時間較長，冰箱冷藏 1 晚。

4 第二天取出脫膜，有氣泡沒關係，脫膜倒轉便看不到了。

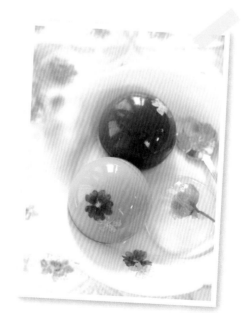

抹茶愛玉布丁

82

抹茶葛粉條

—— 清涼消暑過炎夏 ——

　　葛粉是葛屬植物根部提煉的澱粉，解酒，清涼下火，降血壓。葛粉條外觀像洋菜，煮熟切條冰鎮沾糖食用，是日本常見的吃法，又名葛切。加入火鍋或鍋物，口感也不輸冬粉或麵條，特別喜歡那種入喉時順滑柔嫩的感覺。

葛粉、樹薯粉、蓮藕粉及綠豆澱粉所做出的粉條，口感跟葛粉條比較接近，但是營養價值完全不同。

葛粉的直鏈澱粉比支鏈澱粉高，直鏈澱粉易溶於溫水，溶解後黏度較低，與熱水不能形成典型的稠糊。糖漿加入葛粉水，冷卻後黏度低有流動性，不會結成塊狀，非常適合做淋醬。

[⚘ 材料]　　純素

葛粉 30g
清水 60ml
抹茶（瑞穗）....... 1/2 小匙
（製作原味請省略抹茶粉）

蒸烤爐製作

1 用室溫水溶解葛粉，輕輕攪拌均勻，澱粉不溶於涼開水，加水攪拌後，會立刻出現沉澱的現象。

2 加入過篩的抹茶粉，抹茶也是不溶於水的，用電動奶泡器打散抹茶，否則抹茶結塊影響口感。

3 在攪拌抹茶葛粉水期間，原味葛粉水已經沉澱分層了，倒入淺盤裡前再攪拌一下。

4 蒸烤爐預熱至 100℃，放入葛粉，100℃蒸 6 分鐘，蒸烤爐的蒸氣壓力比較均勻，葛粉完全蒸熟變成透明，且底面絲滑。

5 立刻放入涼開水裡冷卻，加入冰塊，沒有完全溶於水的抹茶粉，在蒸熟的過程飄浮在表面，令葛粉的透光度變差，但不影響味道。

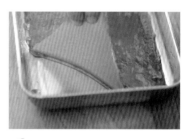

6 冷卻約 10 ～ 15 分鐘，使葛粉凝固結實一點，便可從盤裡取出，泡冰水太久會僵硬失去彈性，用刀輕輕切割葛粉邊緣，脫模時便不會撕破粉皮，絲滑彈 Q 有彈性，少許黏手，能輕鬆從淺盤裡剝下來。

7 將葛粉用刀切成約 0.6 公分的寬條狀。

8 淋上黑糖蜜,加點黃豆粉(見 P.89)超美味,也可以點綴上食用金箔。

(見 P.89)

賞味期

葛粉條放過夜會膨脹,澱粉質老化變硬,彈性和口感變差,現做現吃。

水蒸法

1 煮一鍋滾水,放入淺盤,倒入葛粉水,加蓋,轉至中小火蒸約 2 分鐘,上鍋蒸不宜大火,當葛粉表面變乾凝固後,倒入熱水,蓋上再蒸 3 ~ 4 分鐘,請依自己的爐具和火力調整,若鍋的容量夠大,可把整個淺盤沉入熱水裡,待葛粉完全蒸熟透明,便可起鍋。

2 泡冰水脫模,用刀切成約 0.6 公分的寬條狀即可。

TIPS:
1. 上鍋隔水蒸,表面少皺底部少許黏,剝離有點困難,可加點涼開水,用刮刀幫助剝離。
2. 葛粉條若做甜食,淺盤不建議塗油,否則會有怪味。

自製黑糖蜜

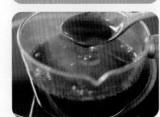

[材料]

黑糖 100g
熱水 200ml
葛粉水 (葛粉 2 小匙 +50ml)

1 葛粉混合室溫水。

2 沖繩黑糖加入熱水,煮至黑糖完全溶化,撈起浮沫雜質,糖水沸騰後加入葛粉水,煮至沸騰。

抹茶葛粉條

抹茶蕨餅

—— 古代的貴族點心 ——

蕨粉擁有其他澱粉所不具備的美味和營養。抹茶蕨餅風味清涼、淡雅、樸拙，充滿嚼勁的口感，滑膩而富有彈性，卻又自然而然地融化於口。簡單的搭配創造出絕妙多層次的豐富口感。

肥丁說說話

抹茶蕨餅要做得好吃，抹茶粉的質量很重要，「奧綠」加熱後色澤香味茶味表現出色，混合蕨粉加熱，仍能保持茶香。濃茶專用的抹茶如「朝日」或「早綠」，香氣濃郁圓潤，茶韻深，即使泡得極濃，都沒有刺激的雜味，不需要太多糖去中和苦味，適合撒在蕨餅上。喜歡苦味多一點，可選薄茶「宇治光」。

[材料]

純素

原味蕨餅

特選蕨餅粉..............100g
冷水160ml（用電子秤的水量模式）

抹茶粉（奧綠）.......1 小匙
白色羅漢果糖.............50g
熱水......................230ml

裝飾

抹茶粉（宇治光）2～3 小匙
自製黃豆粉 適量（見 P.89）
黑糖蜜..... 適量（見 P.85）

1 將黃豆粉撒在淺盤上，備用。

2 抹茶粉過篩，加入冷水，用奶泡器打散抹茶，加入蕨粉，攪拌均勻，直至蕨粉溶解沒有粉粒。

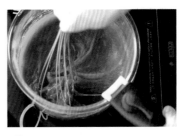

3 鍋裡加入熱水和糖，攪拌加速糖的溶化，大火煮至沸騰，用攪拌器一直畫圈攪拌，慢慢倒入抹茶蕨粉漿，粉漿出現小粉塊時，轉小火繼續畫圈攪拌，粉漿開始煮熟，會越來越黏稠，阻力變大，攪拌更吃力，需要持續攪拌，不要停下。

4 加入抹茶後粉團透明度降低，當 7 至 8 成的粉團顏色變深，就可以關火，以免焦糊，滾燙的粉團利用餘溫，持續煮熟使整塊粉團顏色一致，攪拌器能提起來拉絲。

> **TIPS：**
> 澱粉要快速充分加熱，徹底糊化，熟了要立刻起鍋，抹茶加熱時間越長，香氣流失越多，顏色也會氧化發黃，煮熟的粉團不太會沾黏鍋子。

5 將粉團放在撒了黃豆粉的淺盤上，由於抹茶顆粒很細，很容易受潮，因此溫熱的麵團直接接觸抹茶粉容易出水，使麵團變得濕濕的口感不好。使用混合帶有堅果香的黃豆粉，味道會更立體。

6 蕨餅表面蓋一塊烘焙布，用手壓平，趁著麵團溫熱，用刮刀向外推開。小心有點燙，覆蓋整個淺盤使厚薄均勻，放進冰箱冷藏約 1 小時。

7 從冰箱取出抹茶蕨餅，蕨餅冷卻後可輕易撕開烘焙布，工作台上，撒上薄薄的抹茶粉「宇治光」，切成正方形，再撒上少許抹茶粉「宇治光」。

8 精緻的擺盤，淋上黑糖蜜，即可享用。

（同 場 加 映）

蕨餅饅頭

❶ 預先做好的冷凍紅豆泥餡（見 P.97），從冰箱取出退冰，取一小匙紅豆泥，每顆約 15 g，滾圓。

❷ 用滾刀把抹茶蕨餅切成正方形，取一塊方形抹茶蕨餅。

❸ 包入紅豆泥餡，放在手掌虎口的位置，做出圓形球狀。

❹ 撒上濃郁的抹茶粉「宇治光」，即完成。

抹茶蕨餅

自製黃豆粉

類似堅果的香氣和濃郁的豆味，正是黃豆粉的魅力所在，非常適合搭配 Q 軟糯糍的點心，不但能防止沾黏，又能提升味道層次感，是不可或缺的「綠葉」型食材，蕨餅、葛粉、麻糬、驢打滾、糖不甩，都不能少了黃豆粉。

[材料]　有機黃豆

1 黃豆洗淨，浸泡約 10 ～ 15 分鐘，泡至豆殼和豆仁分離，取約 10 ～ 20 顆，剝去豆殼，倒掉泡過的水。

2 黃豆倒在烤盤上攤平，放進烤箱 130℃烤約 2 小時，若用鍋子要不停翻炒，更要注意火力，否則部分烤焦會有苦味。

3 烘烤 1 小時後，打開烤箱，搖動烤盤讓黃豆翻面，使黃豆均勻受熱會更快乾燥，再烤約 1 小時。時間依據黃豆大小、烤箱加熱速度及體積進行調整。

> TIPS：
> 由於未脫皮的黃豆，烘烤前後的顏色差異不大，較難觀察是否烤熟。如果事前先脫皮，烤熟後會變深橙色，較容易發現是否烤過頭，烤過頭會產生苦味和上火。

4 黃豆烤熟會傳出香味，剛出爐的黃豆很燙，稍微放涼後取一顆直接試吃，吃起來沒有濕潤感，很脆就對了，待黃豆冷卻，便可以打磨成粉末。

5 用小型的研磨機打成細末，再用網目較小的網篩，篩出細緻的黃豆粉，留在篩網上較粗的，放回研磨機，繼續打成細粉，黏在研磨器蓋子上，是磨得很細很輕的粉末，不需要過篩，放入夾鏈袋保存，由於已經脫水乾燥，可放室溫存放。

6 若有馬力強大的調理機，更省時省力了，先以低速打碎黃豆，中速打成粉，最後以高速打成細粉末，馬力大的調理機，因為高轉速磨擦會產生熱，完成後要盡快打開蓋子，攪拌散熱，以免黃豆粉回吸濕氣，完全冷卻後才可裝入夾鏈袋。

1

2

3

5

6

黃豆粉

抹茶芭菲 純素

—— 與季節邂逅的綜合甜點 ——

常見的配料，盛放在細長精緻的玻璃杯中，文青感十足，一杯到手會覺得超幸福超滿足的甜品，拿在手裡立刻有拍照留念的打卡慾望，一次品嚐多元食材的滋味。

抹茶豆腐奶油霜 P.139

抹茶冰淇淋 P.74

蜜漬紅豆 P.94

白玉、抹茶湯圓 P.91

麥穀 P.40

紅豆沙餡 P.95

原味豆腐奶油霜 P.139

抹茶寒天凍 P.91

抹茶專門店多配上乳製品冰淇淋及鮮奶油，對於全蔬食者卻只有觀賞的份。麥穀、白玉湯圓、冰淇淋、蜜漬紅豆，這些常用的配料預先做好冷凍，保存兩三個禮拜不是問題，想吃的時候製作豆腐奶油霜和抹茶凍，純素食抹茶芭菲自製不求人。

抹茶寒天凍

[⚘ 材料]

抹茶粉（奧綠）...........8g
原蔗糖／二砂糖.......110g
冷水........................450ml
寒天粉.....................2g

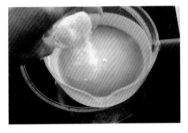

1 鍋中加入寒天粉、糖及冷水，用打蛋器攪拌均勻，直到看不見粉塊。

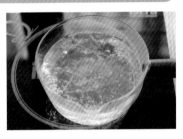

2 中火煮滾，轉小火加熱至液體完全透明，過程要用木勺不停攪拌。

3 倒入量杯裡，加入過篩的抹茶粉，用電動奶泡器打散抹茶。

4 倒入喜歡的模具裡，放在冰水裡隔水冷卻，口感更好，寒天降溫後，表面緊貼一層保鮮膜，冰箱冷藏 30 分鐘，脫模或切丁即可享用。

抹茶、白玉湯圓

[⚘ 材料]（份量：約 60 顆，直徑 2.5 cm）

綠色麵團

水磨糯米粉 ....50 g
溫水 .... 45 ml
苦茶油或味道不突顯的植物油 .... 1 大匙
抹茶粉（宇治光／奧綠）.............................. 2 小匙

白色麵團

水磨糯米粉 .... 50 g
苦茶油 ....1 大匙
溫水 ....3 ～ 4 大匙

1 水磨糯米粉混合過篩抹茶粉，加入苦茶油，攪拌一下，先加入一半份量的溫水，我習慣用湯匙逐一加入計算水量，攪拌至沒有乾粉，觀察糯米粉的濕潤程度，添加適量的水。

TIPS：
不同品牌的糯米粉吸水差異大，為了避免粉多加水，水多加粉的無限循環，水請務必慢慢加入。

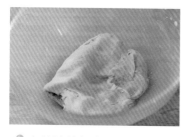

2 由於油被糯米粉吸收的速度慢，麵團一開始濕潤，不要著急，反覆搓揉，讓麵團有足夠時間吸收油和水分，直至三光，碗光、手光、麵團光滑。

> TIPS：
> 麵團加了油，比較不黏手，有助於保濕鎖水，做好的湯圓不容易乾裂。

3 白色麵團省略抹茶粉，揉麵的步驟一樣。靜置 10 ～ 15 分鐘，鬆弛麵團，蓋上保鮮膜以免麵團乾燥。

4 麵團分成 6 份，未用的麵團放回碗裡，蓋上保鮮膜。

5 各取一份白綠麵團，分別切成 5 等份，每份麵團搓成細長條，白綠相間，並排黏在一起，麵團不要一次做太多，否則時間長了麵團乾燥，容易乾裂不利於塑形。

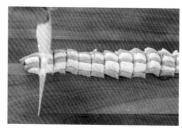

6 捲起來，切成一致的大小。

7 頭尾捏尖，放在掌心搓圓，避免過度搓揉混合顏色。

8 一鍋水煮至沸騰，水一定要沸騰最少 1 分鐘，湯圓才可以下鍋，若水不夠熱，表面的糯米粉沒有立刻燙熟，糯米粉便會溶於水中。

9 轉至中火，湯圓浮起後，再煮 1 ～ 2 分鐘，便可以起鍋。

賞味期

若不立刻吃，馬上放入冰箱冷凍，不容易乾燥龜裂，再放入保鮮袋，可以保存 3 ～ 6 個月，隨時煮食，不用退冰。

抹茶的絕配〜各式紅豆餡

▶A 紅豆沙餡（去殼口感軟綿）
B 蜜漬紅豆（豆殼不破豆仁軟）
C 紅豆泥餡（冷卻後能塑型）

抹茶由整片綠茶茶葉研磨成粉，未經烘焙，屬於寒性食材，不適合胃部容易不適或手腳冰冷的人飲用。而紅豆性溫，能改善手腳冰冷等功效，與寒性抹茶互相調和屬性，紅豆吃多了容易脹氣，抹茶則能促進腸胃蠕動，正好有助於預防和緩解。

紅豆是可塑性很高的食材，通過改變熬煮時間，調整軟硬度，混合不同的配料，紅豆餡是抹茶點心永不拋棄的夥伴，雖然只能當個配角，卻點亮各種抹茶點心的靈性。紅豆皮有天生的苦澀味，仔細的做好去澀步驟，才能把紅豆的甜味發揮得淋漓盡致。

🖋 肥丁小教室

大納言是日本紅豆裡最高等級，不容易煮破，適合製作蜜漬紅豆。大正金時豆並非紅豆品種，屬於扁豆的一種，比紅豆大 5 倍。大納言紅豆的特色是久煮不破，色澤極美，據說是其色澤近似古時日本官服的紅色，固稱大納言。

金時豆　　　　　大納言紅豆

紅豆去澀

1 紅豆放在網篩上，用流水輕柔沖洗後放入鍋中，倒入常溫水，水量要蓋過紅豆 2 公分，大火加熱至沸騰後，加入 200ml 冷水，當水溫急速下降，熱力便可快速滲透到紅豆內部。

2 再度煮至沸騰，加熱 2 ～ 3 分鐘，湯汁開始變成茶色，立刻離火，倒入網篩一次倒掉熱水，較容易消去紅豆的澀味。

3 倒掉煮過的湯汁，快速以冷水沖洗一下，紅豆倒回鍋裡，倒入新的常溫水。

4 重複步驟 1 ～ 3，水煮沸騰、降溫、過濾、冷卻，約 3 ～ 4 次，直到紅豆湯汁呈濁紅色，表示澀味已經清除。熬煮的次數，跟豆的品種和新鮮有關，新豆澀味少，快熟變軟，重複 3 次，湯汁便成濁紅色。舊豆澀味較重，大約 4 ～ 5 次，湯汁才變濁紅色。

> ### 💡 小叮嚀
>
> ★紅豆沒煮軟前，不要加任何調味料鹽或糖，否則煮多久都是硬的。
>
> ★蜜漬紅豆要煮至殼不破。紅豆煮至用湯匙輕易壓扁的狀態，試吃看看，是判斷紅豆煮熟程度的最好方法，之後便可依據不同的用途，調整做法，做出不同口感的豆泥或餡料。

紅豆去澀 & 蜜漬紅豆

蜜漬紅豆

[🌱 材料]

大納言紅豆或大正金時豆
..................................200g
Demerara 原蔗糖或二砂
糖....100 g（第一次下糖）
糖水 ....150 ml
（Demerara 原蔗糖 50g +
清水 100 ml）

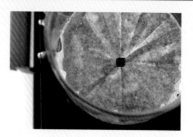

1 紅豆仁熟透後還需要把豆殼也煮軟，用烘焙紙蓋著紅豆，加速豆殼熟化，以最小火煮約 10 ～ 30 分鐘，火力控制在烘焙紙不會翻起的狀態，煮至豆殼軟化即可，新豆的豆殼比較快變軟，一定要觀察，調整熬煮的時間，以免豆殼煮破爛與豆仁分離。

2 蜜漬紅豆的顆粒，須煮軟但必須保持完整，把湯汁倒去。紅豆倒回鍋裡，加入原蔗糖，輕輕翻拌，中火加熱以免糖焦化，糖溶化後變成糖水，豆子開始跳動，轉至小火。

3 煮好的紅豆放入搪瓷或玻璃容器裡，倒入剛才的糖水，蓋好放進冰箱冷藏一夜，蓋上保鮮膜，以免紅豆表面乾裂。

4 第 2 天，倒出醃漬一夜的糖水，加熱煮至沸騰，蒸發一點水分濃縮並殺菌，放涼後倒回紅豆裡。

5 另外，再熬煮一鍋糖水，原蔗糖加水煮至溶化，攪拌至糖完全溶化，糖水浸泡覆蓋紅豆，紅豆表面緊貼保鮮膜，讓紅豆吸收蜜汁一夜會更好吃，冰箱可冷藏約 1 週。

6 需要延長保存時間，分成小份，放入冰格冷凍，可保存約 1 個月，食用時取需要份量，很方便。

同場加映

蜜漬大正金時豆
大正金時豆不是紅豆品種，味道有點像紅腰豆，口感比較清爽，也可用相同方法蜜漬。

紅豆沙餡

[🌿材料]

紅豆.........................200 g
Demerara 原蔗糖或二砂糖...........................100 g
海鹽 .... 拇指一小撮

1 依照蜜漬紅豆去澀的步驟，將紅豆以水煮沸騰、降溫、過濾、冷卻、換水的流程，重複 3 ～ 4 次去除澀味。

TIPS：
豆類需要根據品種、產地、季節及保存狀態，改變熬煮的時間。豆越舊越乾硬，也越容易走味，比起完全按照食譜指示的時間，熬煮時立即試吃，確認紅豆的口感更爲重要。

2 將紅豆煮至熟透，豆殼和豆仁分離，紅豆煮熟綿密，能一壓軟爛，便適合製作豆沙，新豆快熟，舊豆慢熟。

3 煮熟的紅豆放在網篩上,用飯勺按壓,把豆沙擠出來。

4 將熬煮過紅豆的豆汁,倒入豆殼碎片,豆汁倒完了,倒入清水,把殘留在豆殼的澱粉質沖刷出來。

5 放進冰箱靜置約 5～6 小時,讓豆沙沉澱,6 小時後,出現明顯的分層,用湯勺撈掉上面較清澈的水,再放進冰箱一夜,繼續沉澱,液態狀和固體豆沙一同放進冰箱。

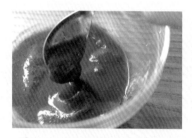

6 第 2 天,上面的水變得更清澈,舀走清澈的水,貼近豆沙的水分很難分離,沒關係,稍後炒豆沙會蒸發掉。

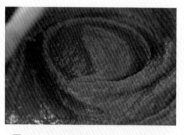

7 將固體及液體豆沙,一同放入鍋裡,加入一半原蔗糖,小火加熱,以木鏟輕輕攪拌。用指腹沾少許鹽,加入豆沙可提引甜味,完全混合後,加入剩下的一半原蔗糖。

8 中火加熱把糖溶化後,豆沙變得流動,轉至小火,水分持續蒸發,豆沙流動性降低,用木勺舀起來,豆沙不會立即掉下去,便可以起鍋。

TIPS:
由於水分少,非常濃稠,加熱時容易濺起,多攪拌讓豆沙充分受熱。

9 少量地舀入搪瓷或玻璃容器內,豆沙冷卻後會變得硬一些,用刮刀抹平表面,蓋上保鮮膜,緊貼豆沙表面,冰箱可冷藏一週。

同場加映

紅豆粒餡

豆沙混合蜜漬紅豆,便成紅豆粒餡,有兩種不同的口感,豆沙口感柔軟,適合做抹醬,或不需要烘烤的點心餡料。

紅豆沙餡

紅豆泥餡

[材料]

紅豆 .... 250 g

清水 .... 800 ml

Demerara 原蔗糖或二砂糖

.... 100 g

麥芽糖 .... 2 大匙

澄粉（無筋麵粉）..... 15 g

油 .... 1 大匙

海鹽 .... 適量

1 按照蜜漬紅豆的步驟完成去澀。把紅豆熬至綿密，收汁至只剩餘少量湯汁，用手持攪拌棒，連豆殼一起攪拌，或用調理機打成泥。

2 加入原蔗糖，中火加熱，攪拌均勻，直至糖完全溶化。

3 加入自製麥芽糖、苦茶油，或味道不突顯的植物油。

4 加入海鹽，攪拌均勻，若還有塊狀，再打一次，中火加熱。

5 持續攪拌，水分越來越少，變得濃稠。加入澄粉〔澄麵〕，攪拌均勻。

6 冷卻後的紅豆泥，用湯勺刮起便能形成球狀。

賞味期

冰箱可冷藏約 1 週，放入夾鏈袋壓平，冷凍保存約 1 ～ 3 個月，冷凍時間越長，風味營養流失越多。

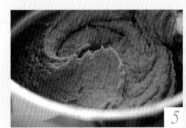

肥丁小教室

1. 為什麼選用原蔗糖？

　　原蔗糖也叫「紅晶蔗糖」，是提煉蔗糖的第一道結晶，保留甘蔗風味，跟紅豆搭配恰度好處。糖精煉越多，純度越高，甜度越低，原蔗糖是較少精煉的蔗糖，含礦物質容易被舌頭辨認，即使減糖也可達到理想的甜味。我使用的原蔗糖可在蝦皮等網購平台買到。

2. 紅豆泥為什麼加入澄粉？

　　澄粉從小麥提取的澱粉，加熱煮熟後不會變硬，可使維持紅豆餡的形狀，而不影響口感，包餡後會吸收餅皮的水或油，澄粉吸收水分後，不會變軟出水，足夠支撐點心皮的重量，適合需要烘烤的點心。製作點心時，餡料跟餅皮的平衡很重要，傳統豆沙餡料需要大量的油脂，使豆沙在冷卻時凝固，方便塑形，加入澄粉之後，可以減少大量的油，較為健康。

豆漿煉乳 P.101

蜜漬紅豆 P.94

白玉抹茶湯圓 P.91

宇治金時刨冰

—— 經典中的冰品聖品 ——

　　抹茶刨冰絕對是所有刨冰中，人氣最強之一。蜜漬紅豆和抹茶煉乳的香甜，交織出深度美味的經典，外形可愛的白玉湯圓襯托出抹茶深邃的茶韻。

[🍃 材料]

材料	份量
冰塊	200 ～ 300g
抹茶豆漿煉乳	60ml
紅豆泥餡及蜜紅豆	50g
白玉湯圓	1 ～ 2 顆
抹茶湯圓	1 ～ 2 顆

1 刨冰可用手搖式的刨冰機，或馬力強大的破壁攪拌機。冰塊取出稍微在室溫放一下脫模，冰塊從製冰盒取出時，省略灑水脫膜的步驟，否則冰塊接觸到水會出現細小的裂痕，較難刨出蓬鬆綿蜜的刨冰。

2 將部分紅豆餡藏在刨冰之內，再刨上一層冰，最後淋上抹茶豆漿煉乳，擺上白玉、抹茶湯圓點綴，即可享用。

黃豆粉 P.89

豆漿煉乳 P.101

黑糖蜜 P.85

抹茶豆漿煉乳 P.101

[🌱 材料]（可製作約 190 ml 煉乳）

豆漿煉乳

無糖豆漿 / 米奶 / 堅果奶
................................500ml

白砂糖 .... 200 ～ 250g

抹茶豆漿煉乳

豆漿煉乳..................1 大匙

溫水 .... 4 ～ 5 大匙

（稠度可以自己調整）

抹茶粉 ....1 小匙

豆漿煉乳

1 玻璃容器煮沸消毒，用電風機吹乾，或放入烤箱烘乾。

2 糖倒入豆漿中混合均勻。

3 中火加熱，邊加熱邊攪拌。豆漿的沸點比水低，所以很快就會沸騰溢出，轉至小火，初期要觀察看爐，攪拌直至「假沸」完成，小火細煮，就不會再溢出。

4 煮至豆漿剩下約一半的份量，豆漿份量越多，時間越長，我用電陶爐約 25 分鐘。

5 煉乳開始黏著木勺，用湯匙在木勺上能刮出痕跡，濃稠度就差不多了。

6 倒入乾淨的瓶子，放冰箱冷藏可保存約一年。如想室溫保存，煉乳煮好趁熱倒入密封倒扣放至冷卻，即能做到簡易殺菌，室溫能保存 3 ～ 4 個月，開封後就要放冰箱冷藏。

抹茶豆漿煉乳

溫水混合過篩抹茶粉，以電動奶泡器打散，加入所需份量的豆漿煉乳，攪拌均勻即可。煉乳的稠度可依喜好調整，抹茶湯份量越多，流動性越高。抹茶容易氧化變色，味道流失快，每次使用最好重新做。

賞味期

豆漿煉乳如有剩下，放入玻璃容器緊貼保鮮膜，冷藏 2 ～ 3 天內吃完。

抹茶寒天紫米甜湯

—— 滋補甜品冷熱都好吃 ——

　　綿密養生的紫米粥，搭配蜜漬金時豆的清爽、Q 彈甜蜜的芋圓、微苦甘甜爽口的抹茶寒天凍，冰火二重打破沉悶相當驚喜，冷天來上這一碗，手裡捧著、小口吃著，不只手暖胃暖，也心滿意足了。

紫米粥 P.103

抹茶寒天凍 P.91

抹茶芋圓 P.103

蜜漬金時豆 P.94

肥丁說說話

　　紫米粥最適合冬天享用了，尤其是寒流來襲或連續陰雨的天氣，總會想念喝了會很溫緩的熱熱甜湯。如果喜歡吃冷的，可將紫米粥放入冰箱冷藏，要食用時再加入配料一起吃。

抹茶芋圓

好吃的芋圓彈 Q 和芋香並重，帶著芋頭原本的自然香氣，加入抹茶完全沒有違和感。食材組合越簡單，比例平衡越重要，否則只有彈 Q 卻沒有芋香茶香，就大大失色了。

[材料]

芋頭 100g
樹薯粉 .... 30 ～ 50g
在來米粉或粘米粉 10g
原蔗糖或二砂糖 ..... 2 大匙
清水 .... 30 ～ 50ml
抹茶粉（奧綠）....... 2 小匙

1. 芋頭去皮，切丁，中火蒸 20 分鐘變軟，用叉子壓成泥，若喜歡吃到芋頭的顆粒，不需要完全壓碎。

2. 將芋泥放入大碗中，放入糖攪拌，加入樹薯粉、在來米粉和抹茶粉，揉成麵團，不要一次過加入配方中的清水分量，邊揉邊看情況加入水分，每次都要依據芋頭本身的含水量微調。

3. 麵團搓揉到三光～碗光（碗裡沒有粉剩下）、手光（手不黏麵團）、麵光（麵團表面光滑）即可，用力壓麵團有少許裂開，煮好後彈性較好。若太乾裂開，可多加一點水。

4. 搓好的麵團切長條，搓揉的力道不可太大，輕輕推開，否則容易裂開，如果覺得黏，可撒一點樹薯粉。

5. 長條形麵團排好，切成約 1.5 公分的芋圓丁，將切邊用手輕按成圓角，不介意外表可省略。

6. 煮一鍋滾水，水滾後放入芋圓，中火煮至浮起，再煮 1 分鐘撈起，放入冰水中，可使口感更 Q 彈。

保存方法

做多了，可放入夾鏈袋冷凍保存，取出不用退冰直接丟滾水裡煮。

紫米粥

[材料]

紫米 200g
水 2.5L
冰糖 50g
鹽 .... 拇指沾一小撮

1. 紫米洗淨，用清水泡約 1 小時，倒掉泡過的水。

2. 加入清水，放入電鍋裡熬煮 1 小時至米粒開花。我的電鍋有微壓，30 分鐘就煮好了。

3. 加入原蔗糖或冰糖，待糖完全溶化後，用拇指沾一小撮鹽，攪拌均勻，依喜好加入抹茶寒天、芋圓、蜜漬金時豆、熱泡抹茶（詳見 P.53）、椰漿或植物奶享用。

Part 5
療癒時光！烘焙甜點

抹茶特有的香味、色澤與風味，
替甜點增添微苦的口感，完美地中和了甜味，
讓人忍不住一口接一口，
從入門款的餅乾、馬林糖，到鬆餅、蛋糕卷，
邀請你盡情享受豐富多變的茶香美味。

抹茶舒芙蕾鬆餅

—— 會呼吸的蛋糕，濕潤不塌的祕密 ——

　　抹茶舒芙蕾鬆餅蓬鬆柔軟，一口咬下去軟綿綿，細膩而濕潤。色澤、茶味和苦韻並重的奧綠，明顯的抹茶香，還能同時感受到蛋香，清爽不膩口，絕對不會讓你失望。價格比較實惠的瑞穗色澤會泛黃，沒那麼青蔥翠綠。加了抹茶的麵糊，焦黑的時間比普通鬆餅更快，要特別注意加熱的溫度。

🥄 肥丁說說話

　　舒芙蕾鬆餅製作手法跟戚風蛋糕其實差不多，只是加熱的工具從烤箱變成平底鍋。多糖跟少糖打發的蛋白霜，打發的方法是不一樣的，明白蛋白霜的原理，弄懂爐具跟鍋具的加熱速度。你也可以做空氣感十足，蓬鬆不會塌的厚鬆餅！

[🌱 材料]

蛋黃 ....2 顆
（無激素雞蛋連殼重量 58～60g）
全脂牛奶......................20g
玄米油或味道不強烈清淡的
植物油 10g
中筋麵粉......................30g
抹茶粉（奧綠）........2 小匙
蛋白 ....3 顆

白米醋 ....1 小匙
Demerara 原蔗糖或二砂糖
（研磨成粉末）...........35g
天然香草精〔雲呢拿油〕
..................................1/4 匙
豆腐奶油霜 適量（見 P.139）
抹茶豆漿煉乳 ....適量
（見 P.101）

[🔧 工具]

不鏽鋼圓形慕絲模直徑 8×4cm 高
28cm 平底鍋、烘焙紙、擠花袋

1 分開蛋白和蛋黃，取蛋黃加入全脂牛奶、油後，用打蛋器打發混合，加入天然香草精，打發蛋黃至顏色變淡，完成蛋黃糊。

2 中筋麵粉混合抹茶粉。

3 蛋黃糊分 2 次篩入麵粉，攪拌均勻。

4 不同廠牌的麵粉吸水度有差異，注意麵糊的濃稠度，麵團很重，從打蛋器滴落很慢，就是太濃稠，蛋白霜加進去很快消泡，容易造成鬆餅回縮，加1小匙牛奶，調整稠度，麵糊提起，落下像絲帶一樣，就對了。

5 從冰箱取出蛋白，加入白醋，可讓打發的蛋白霜更細緻穩固。蛋白不可以沾到蛋黃、水及油脂。開始打發蛋白，當泡沫開始變多，分3～4次加入糖粉，加糖粉時不要停頓攪拌，保持攪打速度，才能做出堅挺的蛋白霜，趁在泡沫變得很細緻之前，把糖下完。

6 舀起測試尾端挺立時要多舀一點才準確，蛋白霜形成倒三角尖嘴狀。

TIPS：
Demerara 原蔗糖，晶粒比較大，溶化速度慢。打發前，用研磨機磨成糖粉。

7 蛋白霜分3次加到蛋黃糊，用手動打蛋器輕輕混合，對待蛋白要溫柔而堅定。每一個動作都會造成蛋白消泡，所以蛋白霜的結構，一定要穩定，攪拌時就不容易消泡。勾起，滴落，動作快而輕。

8 加入剩下的蛋白霜，蛋白霜會隨著時間消泡，完成後，麵糊不會水水的，形成蓬鬆綿密有體積的組織，幾乎不流動的狀態，這種麵糊煎好後比較不容易回縮，放入擠花袋。

9 預熱平底鍋，倒入少許溫水測試溫度，水接觸鍋面慢慢沸騰，沒有劈哩啪啦，溫度就剛剛好。鍋裡放入圓形慕斯模，裡面放入烘焙紙。

10 麵糊擠入慕斯模中八分滿，在麵糊旁邊滴1大匙溫水，加蓋讓鍋裡產生蒸氣，以小火悶熟鬆餅8分鐘，每個爐具火力及鍋的傳熱速度不一樣，火力和時間要自己測試。

11 打開鍋蓋，取走慕絲模及烘焙紙，鬆餅不黏鍋，便能輕鬆翻面，底部顏色金黃，火力就對了，加蓋，再悶煎2～3分鐘，煎好要立刻起鍋。

12 食用前，依個人喜好放入水果、豆腐奶油霜等配料，再淋上自製的抹茶豆漿煉乳即可。

漸層抹茶壓模餅乾

—— 手工烘焙窩心禮物 ——

以高級抹茶製作的壓模餅乾，是不是很有誠意？低溫慢烤，釋放原料風味，不破壞抹茶的天然色素，也不上火。全蔬食、沒有摻雜過多人工添加物、沒有泡打粉、不含奶油，素食朋友一定要試看看。

肥丁說說話

楓糖漿和麥芽糖甜度較低，較少加工的天然甜味，甜味很低調，香味跟抹茶的苦韻頗有默契。加入麥芽糖可以減少油的比例，有黏合麵粉的作用。只要把麵團弄成一塊，壓模烘烤就行。由於沒有動物油脂，麵團不需要冰箱冷藏定形，直接切片就可以烤了。

純素

[材料] （份量：約 30 ～ 40 個）

低筋麵粉................................105g
日本太白粉（馬鈴薯澱粉）.......60g
古法麥芽糖..............................30g
楓糖漿 27g
玄米油 50g
（味道不明顯的植物油都可以）
海鹽 ....1/4 小匙
抹茶（早綠／宇治光）.........2 小匙
抹茶（早綠／宇治光）......1/4 小匙

1 低筋麵粉及日本太白粉過篩，加入海鹽，攪拌均勻。

2 麵團加入楓糖漿、麥芽糖及玄米油。用刮刀混合乾濕材料，按壓成團，表面光滑即可，塑成長方形，按比例分成 3 份。麵團的重量可能因為水分和濕度有差異，不必太過精準。

TIPS：
整罐麥芽糖泡在熱水裡軟化，泡 10 分鐘，麥芽糖變軟，便很容易挖出來。

3 取第一份麵團，2 小匙抹茶過篩，切碎麵團，但不要搓揉，用刮刀按壓麵團，麵團跟抹茶初步混合，再用手握緊，摺疊麵團，用掌根按壓，重複按壓的動作，直至表面光滑，均勻染色麵團 。

4 若麵團太乾鬆散，加入幾滴清水，麵屑便很容易黏在一起。麵團只要黏在一起即可，別按壓太多，否則麵團很快滲油。

5 將 1/4 小匙抹茶加入另一份麵團，依相同方法混合成淺綠色麵團。再將三色麵團放在保鮮膜上。

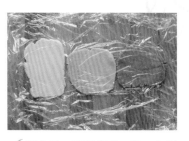

6 蓋上另一張保鮮膜，將三色麵團分別按壓成正方形，擀薄至 0.4 公分厚，長約 12 公分。

7 依序把深綠、淺綠、白色麵團疊起來，切開一半，並疊在另一半麵團上方，再切成約 0.4 公分厚的長片。長片平鋪在保鮮膜上，用餅乾模壓出喜歡的形狀。

8 邊角料可以混合起來，擀成薄麵團，再壓出餅乾形狀，排好在烤盤上，每塊餅乾之間留出間距。

9 預熱烤箱 160℃。溫度調至 150℃烤 12 分鐘，打開烤箱，散走水氣，翻面。溫度下調至 100℃烤 12 分鐘，餅乾中心位置變硬，便是烤好了。

TIPS：
若烤的溫度過高或時間太長，植物油會有油耗味，抹茶裡的葉綠素也會因高溫氧化變黃，香氣全數流失。若你依照食譜上的建議溫度，餅乾仍然變黃變褐，可再調低溫度。

10 烤好後打開烤箱門，不取出餅乾，放在烤盤上冷卻約 5 分鐘，餅乾接近室溫時，口感非常酥脆。

賞味期

一次多做一點，裝入密封保鮮袋裡，可以保存 1～2 週。

抹茶馬林糖

—— 純素無蛋白，輕盈酥脆 ——

　　馬林糖也稱蛋白霜脆餅，以蛋白加大量的糖打發而成，烘烤後形成棉花糖般稠密，卻有雲朵般輕盈的酥脆口感，相對地也較為甜膩。抹茶加入後，甜中帶點微苦停留舌尖，融化時先甜後甘，留下一點點抹茶尾韻，就沒那麼甜了。抹茶粉會導致鷹嘴豆汁蛋白霜快速消泡，抹茶的比例不能太多，一抹柔和的淡淡淺綠，帶來如沐春風的感覺。

肥丁說說話

　　純素的馬林糖以鷹嘴豆汁 Aquafaba 取代蛋白，效果非常神奇，除了淡淡的豆味，和真蛋白的質感幾乎達到 99% 相似。打發上和真蛋白還是有差異的，鷹嘴豆汁打發的時間較長，不同廠牌的罐頭鷹嘴豆汁會有濃度上的差異，使用前要加熱蒸發多餘的水分。

[材料]

罐頭鷹嘴豆汁 160ml 濃縮
至 50ml

黃原膠 .... 1/4 小匙

塔塔粉 .... 1/2 小匙

寒天粉 .... 1/2 小匙

糖粉 60g

抹茶粉（奧綠）.....2 大匙

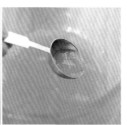

1 用網篩分離罐頭鷹嘴豆汁和鷹嘴豆，汁液放在鍋裡，測量容量。中火加熱約 10 分鐘濃縮豆汁，把多餘的水分蒸發掉。

> TIPS：
> 每種廠牌的罐頭豆汁濃度差異甚大，冷卻後能凝固成軟果凍狀的程度，才能打發出泡沫紮實穩定，不容易消泡的蛋白霜。

2 將黃原膠、塔塔粉及寒天粉過篩，篩入鷹嘴豆汁，用電動攪拌器，以最高速打發 3 分鐘，直至豆汁起泡體積膨脹，變成雪白色細緻的泡沫。

3 糖粉分次少量拌入蛋白霜，每次加入 1 大匙，糖粉完全混合後，再加入新的 1 大匙糖粉。糖粉加入時不停止攪拌，建議使用桌上型電動攪拌器，比較不費力。

4 鷹嘴豆汁的打發時間較真蛋白稍長，總時間約 5～6 分鐘，打至蛋白霜表面光滑不流動。攪拌頭立起，蛋白霜尾端尖挺不下垂，像高峰一般的頂端。

5 分兩次篩入抹茶粉，用攪拌器低速攪拌均勻，就要停止打發，否則會消泡。

6 將口徑約 1.5 公分的菊形擠花嘴套入擠花袋中，裝入抹茶蛋白霜。

7 在鋪好烘焙紙的烤盤上擠出形狀。

8 放入烘乾機乾燥，70℃約 6～7 小時，馬林糖的體積越大越厚，乾燥時間越長。直至表面不黏手，乾硬可以輕鬆翻起底部的乾燥狀態。

賞味期

馬林糖非常容易受潮，烤好後立刻放入密封的保鮮袋或盒裡，並放入乾燥包，否則受潮後會軟化和黏在一起。

★馬林糖需要低溫烘乾而非高溫烤熟，烘焙溫度不能高，要保持抹茶的香氣及翠綠的外觀，80 ～ 90℃最好。高於 100℃，馬林糖便會發黃變色。烘乾時要時常觀察。很多小型烤箱的最低溫度是 100℃，烘烤時把烤箱門用布巾卡著，留一小門縫。能用烤箱溫度計測量準確的溫度，或用烘乾機最省心，烘乾機溫度相對穩定，耗電量比烤箱少，可節省能源。

★若馬林糖在乾燥期間出現消泡，出水或萎縮，有可能是豆汁的水分太多，或打發順序不對。

📝 肥丁小教室

黃原膠（Xanthan gum）由野油菜黃單孢菌發酵產生的複合多醣體，一般由玉米澱粉製造，有增稠、乳化安定的作用；塔塔粉 Cream of Tartar 則是一種酸性食材，藉著酸鹼中和幫助植物蛋白起泡，增加蛋白霜起泡之後的穩定性，幫助打好的蛋白維持形狀。

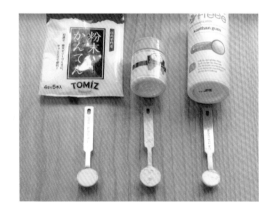

抹茶麻糬鬆餅

—— 療癒牽絲，外脆內 Q ——

鬆餅配方千變萬化，唯一的共通點，是一定要現做，趁熱吃才美味。麻糬鬆餅口感介於麵包及鬆餅之間，一口咬下皮脆，中間放入糯米麻糬作內餡，撕開鬆餅拉出牽絲，Q 彈感十分特別，略帶淡淡的抹茶茶香，淋上抹茶煉乳更美味。

肥丁說說話

鬆餅種類很多，格子形狀搭配冰淇淋和水果很受歡迎。傳統材料以蛋奶麵粉調成麵糊。麻糬配方以樹薯粉為主，蛋液的部分可換成鷹嘴豆汁，變身純素鬆餅。做法意料之外的簡單，混合所有材料，放入鬆餅機烤熟。

[材料]（份量 3 個）

抹茶鬆餅

樹薯粉 120g
日本太白粉（馬鈴薯澱粉）
.................................20g
抹茶粉（奧綠）...... 1 大匙
豆漿或牛奶..............90ml
蛋液或鷹嘴豆汁 20ml
玄米油（或味道不強烈的植物油 ）.................40ml

原蔗糖或羅漢果糖
.....................1 ～ 2 大匙
海鹽 ....1/8 小匙

白玉湯圓麵團

（分成 6 份）

水磨糯米粉.................50g
苦茶油 ....1 大匙
溫水 45ml

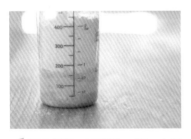
1 混合蛋液、原蔗糖、鹽、玄米油、豆漿、樹薯粉、日本太白粉。

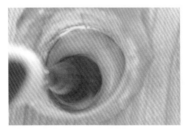
2 篩入抹茶粉，全部材料攪拌均勻，成濃稠的麵糊。

3 烤盤不用預熱，麵糊倒入烤盤約 8 分滿，麵糊受熱會膨脹別倒太滿。

4 放上壓扁白玉湯圓麵團（做法見 P.91），再倒少許麵糊覆蓋。

5 蓋上鬆餅烤機 3 分鐘，翻面，再烤 3 分鐘，當表面變脆，立刻起鍋，鬆餅要趁熱吃。

抹茶麻糬鬆餅

抹茶四葉草酥餅

—— 最有幸福感的點心 ——

　　將中式傳統麵點菊花酥的做法稍微變通，摺疊成超萌四葉草的造型，與抹茶口味為主的意境非常相配。中式酥餅由一層「油皮」，一層「油酥」組成，運用捲的方式，用水油麵團作皮，包入油酥，使用油類原料做成分隔，透過層層摺疊相間交錯形成百層～麵皮－油脂－麵皮的分層，麵皮中的水分經烘烤後，受高溫氣化，水蒸氣膨脹分離麵皮，形成層次分明的鬆酥點心。

肥丁說說話

　　要做出漂亮的中式酥皮，「油皮」、「油酥」需要相同的柔軟度，否則軟硬不一，在包裹、擀壓、捲起的過程中容易破皮，不能形成相間交錯的效果，影響鬆酥的口感。顏色翠綠及調味來自抹茶本身的香氣，所以抹茶粉的選擇非常重要。純素酥餅以植物油取代動物油脂，口感甜而不油膩。

[材料]（份量：8 顆）

純素

油皮

高筋麵粉.....................130g
Demerara 原蔗糖／二砂糖
.....................................40g
有機冷壓椰子油 45g
檸檬汁 ....1/2 小匙
冷水 50g

油酥

低筋麵粉..................100g
有機冷壓椰子油 40g
抹茶粉（奧綠）............4g
抹茶粉（奧綠）... 1/4 小匙

1 原蔗糖用打磨機研磨成糖粉。

2 將椰子油和糖拌勻，攪拌至糖完全溶化。再加入檸檬汁拌勻，分次少量加入冷水。

3 分 3～4 次篩入高筋麵粉，搓揉成均勻稍微光滑的麵團。

4 蓋好靜置 20 分鐘鬆弛，分成 16 等份，滾圓，完成油皮製作。

5 低筋麵粉與椰子油混合，分成兩等份。

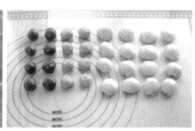

6 取一份加入 1/4 小匙抹茶粉，均勻搓揉成淺綠色的麵團，分成 8 等份，滾圓。另一份加入 4g 抹茶粉及 1 小匙椰子油，均勻搓揉成深綠色的麵團，搓揉均勻，分成 8 等份，滾圓，完成油酥製作。

7 將油皮壓扁，包裹一份油酥，收口捏緊，朝下放，光滑面朝上，壓扁。8 個油皮包入深綠色油酥，8 個油皮包入淺綠色油酥。

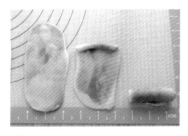

8 用擀麵棍將麵團縱向壓成橢圓形薄片，再橫向左右推開麵團，盡量壓薄。翻轉，光滑面在下，由短的一端捲起來。

9 收口朝下，蓋上保鮮膜防止表面變乾，放在室溫中 15 分鐘，鬆弛麵團。

10 深綠色麵團，用大拇指從中間壓下，使兩端往中間摺起，在摺起貼合處捏一下，滾圓。淺綠色麵團依相同方法滾圓，再擀成薄圓形，翻轉，光滑面在下。

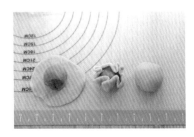

11 淺綠色薄麵團中間，放上深綠色麵團，包好並捏緊收口朝下放置，完成的麵團用保鮮膜蓋好，以防乾燥。

12 將小麵團壓扁，用擀麵棍擀薄一些，用刀切出 8 道缺口，麵團中間不要切斷。

13 麵團放在鋪好烘焙紙的烤盤上，將相鄰兩個花瓣翻轉方向相反，切面朝上露出深綠色麵團，兩片花瓣組成一個心形，依序做好 8 個酥餅。

14 用食指從中心向外推薄花瓣，以免酥餅太厚不鬆酥。

15 烤箱預熱 180℃，送進烤箱烤 10 分鐘，蓋上鋁箔紙防止表面發黃變色，繼續烤 10 分鐘。

16 打開烤箱，酥餅留在烤盤上放涼，利用餘溫蒸發多餘的水氣，一定要完全放涼才能移動酥餅，否則花瓣容易掉下來。

☑ 肥丁小教室

　　爲了維持油皮和油酥的柔軟度，保水非常重要。所有麵團全程用保鮮膜蓋好，只取出需要操作的麵團。

抹茶四葉草酥餅

抹茶杯子蛋糕

—— 高貴華麗一瞬間抓住了目光 ——

完全沒有蛋和乳製品的杯子蛋糕，無論是茶香還是口感，一點都不輸真蛋糕！鷹嘴豆汁打發成純素蛋白霜後，與乾性食材混合會立刻消泡，借助膨鬆劑的幫助做出綿密鬆軟的蛋糕體，至今我還記得成功出爐的那一刻感動。點綴以玫瑰造型的豆腐蛋白霜，讓人捨不得立刻品嚐。

肥丁說說話

茶香濃厚的抹茶蛋糕，抹茶粉的選擇一點都不能將就，因爲高溫烘焙對抹茶的顏色和香味破壞非常大，選經得起考驗的「奧綠」，喜歡厚重感的抹茶控必定能感到滿足，經過再三改良的豆腐奶油霜，口感柔軟紮實不乾澀。蛋糕配方的配料多元，抹茶的比例高茶味濃厚，若不喜歡苦韻濃郁，可以降低抹茶粉的比例。

純素

[材料] （份量：6 個）

杯子蛋糕

燕麥奶或其他植物奶 90ml

有機蘋果醋..............15ml

濃縮至果凍狀的鷹嘴豆汁
..................40ml

玄米油或味道不濃烈的植物油..................25g

天然香草精........1/4 小匙

海鹽..........拇指沾一小撮

中筋麵粉..................90g

王米澱粉..................20g

抹茶粉（奧綠）........10g

Demerara 原蔗糖.......50g

無鋁泡打粉..........1 小匙

小蘇打〔梳打粉〕..1/4 小匙

卷邊紙杯..................6 個

（直徑 5×4.5 公分高）

擠花抹茶豆腐奶油霜

板豆腐..................275g

（壓重物脫水至 210g）

Demerara 原蔗糖 或 二 砂糖..................30g

楓糖漿..................30ml

清水..................125ml

寒天粉..................9g

海鹽..........拇指沾一小撮

玄米油..................45ml

抹茶粉（奧綠）........10g

※ 擠花抹茶豆腐奶油霜，增加寒天粉的份量，以維持擠花後的形狀，除此之外，做法與餡料用的豆腐奶油霜是一樣的，步驟請參考抹茶千層蛋糕 P.139

1 打開鷹嘴豆罐頭，分開豆汁及鷹嘴豆，若豆汁太稀，放入小鍋裡加熱煮滾，蒸發水分，豆汁冷卻後呈果凍狀，即可使用。

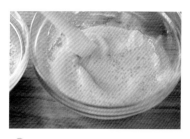

2 混合蘋果醋、燕麥奶、鷹嘴豆汁、玄米油、天然香草精、海鹽，靜置 3～5 分鐘，用打蛋器打散使之乳化。

3 顆粒狀的原蔗糖打磨成糖粉，混合中筋麵粉、抹茶粉、玉米澱粉、無鋁泡打粉、小蘇打，放入網篩中。

4 乾性食材分 2～3 次過篩，混合濕性食材，避免形成粉粒，一邊轉動缽盆，一邊用橡皮刮刀快速攪拌均勻，至沒有粉類殘留時，就是混合完成了。

5 用湯匙將麵糊均等舀入 6 個紙杯中，填滿紙杯的一半。

6 烤箱預熱至 180℃，將裝有麵糊的紙杯放入烤箱烤 15 分鐘，打開烤箱，蛋糕表面覆蓋一塊鋁箔紙，再烤 5 分鐘，從烤箱取出，移到網架上冷卻。

7 將直徑 1 公分的星形花嘴裝入擠花袋中，再舀入抹茶豆腐奶油霜，擠花時注意花嘴永遠向下垂直，中間先停留一下多擠一點，然後繞圈圈，奶油霜完全覆蓋蛋糕表面，尾巴往下，即完成。

純素抹茶蛋糕卷

—— 沒有蛋奶一樣鬆軟 ——

純素蛋糕的內部組織因為沒有蛋液打發起來的泡沫，更像是磅蛋糕的口感，卻不會過於紮實，內部鬆軟濕潤，只要掌握蛋糕的濕度，蛋糕便不會乾燥裂開，可以捲起來，與改良的內餡抹茶奶油霜一起享用，不會過於乾澀，滿滿濃郁的抹茶滋味，純素食者也可享受到細膩綿密的蛋糕口感。

肥丁說說話

　　相信抹茶卷是許多抹茶控的最愛，對甜品愛好者也有著絕對的吸引力。不能用蛋和奶做純蛋糕卷，再也不是不可能的任務，成功做出口感好的杯子蛋糕，便可挑戰難度稍高一點的純素蛋糕卷了。

純素

[材料]

蛋糕

燕麥奶或其他植物奶270ml
有機蘋果醋 45ml
濃縮後的鷹嘴豆汁 90ml
玄米油或味道不濃烈的植
物油 7ml
海鹽 .... 拇指沾一小撮
中筋麵粉 237g
玉米澱粉 50g
抹茶粉（奧綠） 12g

Demerara 原蔗糖 或 二砂
糖 150g
無鋁泡打粉 .... 3 小匙
小蘇打 .... 1 又 1/2 小匙
抹茶粉裝飾用（宇治光）
.... 適量

餡料

擠花用豆腐奶油霜 400g
（P.139）

1 製作蛋糕體的麵糊，請參考杯子蛋糕步驟 1～4（見 P.124）。

2 將麵糊倒入鋪有烘培紙的烤盤上，用刮板將表面鋪開整平。

3 盡快送進預熱好的烤箱 180°C 烤 15 分鐘，直至蛋糕表面不再濕潤，但仍然柔軟，注意烤的時間不要過長，否則水分流失太多，變乾和脆，捲起來容易裂開。

4 蛋糕出爐，表面放一塊布巾，再放上砧板，一口氣整個翻面，倒扣拿掉蛋糕模，除去蛋糕底層的烘焙紙。

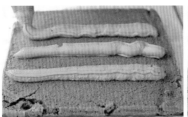

5 散熱約 3 分鐘後，在蛋糕上方塗抹豆腐奶油霜，用抹刀將奶油霜順順地抹平。

> TIPS：
> 蛋糕不要完全放涼才捲，涼後會變乾容易裂開。

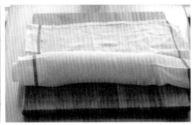

6 用布巾捲起蛋糕，讓收口朝下，避免蛋糕鬆開，取走布巾。待蛋糕稍微放涼，若邊緣太乾燥散開，用鋒利的刀修整邊緣。

7 表面撒抹茶粉，切成適當的厚度，每切完一刀就用廚房紙巾抹去沾黏，切口會更漂亮。

Part 6
充滿力量！
全植物點心

將動物性的蛋、牛奶、鮮奶油……
完全替換成植物性食材來製作甜點，
素食者也能開心享用療癒身心的美食，
加入抹茶，味道更添層次感，
口口都讓舌尖繾綣不已。

抹茶草莓巧克力

── 超人氣抹茶零嘴 ──

　　一口咬下，草莓鬆脆酸甜，巧克力〔朱古力〕開始在口腔裡融化，混合酸酸的草莓很和諧，一顆剛剛好不會太膩。以天然的可可脂做純植物的巧克力，口感更絲滑細膩，入口即化。

肥丁說說話

　　冷凍草莓乾口感非常鬆脆，脫水後糖份甜味濃縮起來，水果的味道有如放大了好幾倍。外層再包裹濃郁抹茶巧克力，不會軟爛出水，解決了保存的問題，也帶來耳目一新的口感。

純素

[材料]（份量：15 顆）

冷凍草莓乾............... 15 顆	自製榛果醬................. 60g
有機可可脂................. 75g	抹茶粉（朝日）........ 2 小匙
椰漿 20g	海鹽 .... 1/8 小匙
麥芽糖 50g	

[模具]

15 連高圓球夾心矽膠模具，圓球直徑 2.8cm

自製榛果醬

1　生榛果放入烤箱，70℃烘焙 1 小時，榛果含有風味物質榛果酮，烤製後榛果酮含量會大量上升，榛果的香氣會更為突出，中途打開烤箱翻弄榛果，均勻受熱，放涼。

2　用調理機打成榛果醬，製作巧克力的榛果醬，需要打至細滑沒有顆粒，可以自然滴落的狀態，榛果醬的作用是幫助巧克力凝固，這個配方只取堅果醬的部分，不取油。

賞味期

將榛果醬倒入消毒過的玻璃瓶，冰箱保存約 1 週。榛果醬表面便會浮起一層榛果油，很香。室溫退冰即可使用。

1 從冰箱取出自製麥芽糖，冷卻的麥芽糖很硬，盤裡倒入剛煮滾的熱水，放入麥芽糖隔水加熱，水位到麥芽糖的高度，5～10 分鐘後麥芽糖便會軟化，很容易挖出來。

2 有機可可脂放在不鏽鋼盆裡，下方放一小鍋剛煮滾的水，隔水加熱，鍋底不要直接接觸熱水，可可脂在 45 ～ 50℃溶化，攪拌一下，讓可可脂均勻受熱，接近完全溶化時，輕輕攪拌，直至完全溶化。再加入海鹽，輕輕攪拌一下。

> TIPS：
> 若溫度過高，往小鍋裡倒冷水，溫度太低，則加入新煮滾的熱水。

 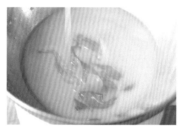 

3 可可脂離開熱水，加入軟化的麥芽糖，再放回鍋上隔水加熱，讓麥芽糖變得更柔軟。麥芽糖比較難溶化在可可脂裡，軟化至拉絲後，加入室溫椰漿，輕輕攪拌，麥芽糖溶化速度緩慢，要有耐心。

4 加入自製榛果醬，輕輕攪拌，直到完全混合後離開熱水，放在桌上，開始降溫。

> TIPS：
> 可可脂的結晶對溫度極敏感，不要加入從冰箱取出來的食材。

5 分 3 次篩入抹茶粉，慢慢攪拌至巧克力糊光滑，可以漂亮的刮開，降溫到 25℃。

  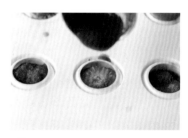

6 放回鍋上隔熱升溫到 32℃，溫度到了就要立刻停止，開始進行倒模。

> TIPS：
> 升溫的速度很快，要很小心，否則便會出現油水分離的狀態，需要重新降溫。

7 若草莓太大顆，可修剪底部，調整成可以塞進模裡的大小。

8 圓形矽膠模下方放一塊大理石或烤盤。舀起 2/3 大匙的巧克力，倒入圓形矽膠模裡，放入冰箱冷藏約 15 分鐘後取出。

> TIPS：
> 由於冷凍草莓乾已經脫水，重量很輕，若在巧克力尚未凝固時加入冷凍草莓乾，草莓便會浮起來，無法固定位置。

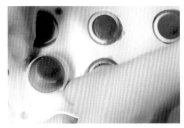

9 巧克力呈現半凝固的狀態下，放入冷凍草莓乾，倒入巧克力糊封頂，不要一次倒滿，讓巧克力糊慢慢流下去，包裹草莓，以免容易溢出，裡面形成氣孔。再用竹籤在模邊劃一圈，戳破升起來的氣泡，千萬不要拿模具敲桌面，草莓容易移位。

10 放回冰箱冷藏 1 小時，凝固變硬，即可脫模。

11 用巧克力包裝錫箔紙包好後，放入保鮮袋或密封容器裡。巧克力適合保存在 16 ～ 22°C室溫，夏天要放入冰箱保存，若要外出送禮，以保冷袋盛裝。

💡 小叮嚀

★調溫巧克力的第一個要點是不停攪拌，但是過程要小心避免攪出泡泡，刮刀不要超出水平面，以免起泡。

★攪拌時不要一直攪拌，而是攪拌幾下，停下來，再攪拌。

★第二個重點是測溫，溶化可可脂在 45 ～ 50°C之間，溫度不能再升高，在翻拌時多測量幾次來確認。

📝 肥丁小教室

　　冷凍水果乾是一種太空食品的真空製乾技術。乾果即使低溫 (42°C) 熱風乾燥處理，仍然免不了流失果味和營養。但是冷凍乾燥將新鮮水果在真空及零度以下的環境進行速凍並抽真空，最大限度保留食物的營養、味道和色澤，纖維結構保持完整，食物的外觀也沒太大變化。

抹茶草莓巧克力

抹茶生巧克力

—— 苦澀的甘甜，令人著迷 ——

　　純素的食材也可以做出生巧克力柔軟入口即化的口感。夏威夷豆含油量高達 70% 以上，富含不飽和脂肪酸，有著完美的天然甜度及油脂比例，營養價值高。以夏威夷豆堅果醬取代奶油，以豆腐取代鮮奶油，滑順融化在舌尖，淺甜而不膩，若隱若現的甘醇茶香刺激著味蕾，品嚐生命的苦澀與甜美。

肥丁說說話

　　生巧克力一詞源自於日本，使用巧克力、鮮奶油及奶油等乳品製成。生巧克力的「生」，在日語是「新鮮」的意思！日本製造商將「含 24% 新鮮奶油及 14% 水分的巧克力」，稱爲生巧克力。

純素

[材料]（份量：每種口味 24 顆）

有機可可脂..............70g	抹茶粉（奧綠）.......8g
板豆腐.....................125g	抹茶粉（宇治光或早綠）
（壓重物脫水至 100g）	.....................1 小匙
楓糖漿.....................50g	岩鹽........手指沾取一小撮
自製夏威夷豆堅果醬..35g	

[模具]

包裝禮盒 11×13.5 × 3.5 cm，烘焙紙剪裁成適合禮盒的大小。

1 板豆腐蒸熟，壓重物脫水後重 100g。

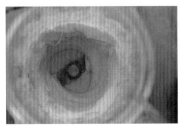

2 豆腐、夏威夷豆堅果醬、楓糖漿放入調理機，打成綿密順滑濃稠的奶油質感。

3 將大塊的可可脂剪碎。

4 將可可脂放在不鏽鋼盆裡，下方放一小鍋剛煮滾的水，火力轉至最小，隔水加熱，攪拌至完全溶化，可可脂的溫度不要超過 40℃。

5 加入板豆腐奶油糊及鹽，用刮刀輕輕攪拌，使材料稍微混合均勻。

6 篩入抹茶粉，食材均勻混合便可停止攪拌，若巧克力溫度超過 30℃，從鍋上取下來，不用繼續隔熱水加溫。

7 溶化的巧克力糊表面有光澤，濃稠，舀起不容易滑落。

8 若溫度太高或過度攪拌出現油水分離的情況，立刻放入冰箱冷藏，待油脂稍微凝固取出攪拌，便能再次均勻混合。

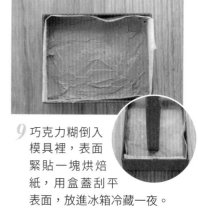

9 巧克力糊倒入模具裡，表面緊貼一塊烘焙紙，用盒蓋刮平表面，放進冰箱冷藏一夜。

10 巧克力連同烘焙紙一起從模具取出，熱水燙刀子，用廚房紙巾抹乾，切成扁方形。若巧克力太硬，一切就裂開，可將巧克力放在室溫 10 分鐘，等稍微變軟一點再切。

11 灑上抹茶粉裝飾，即可享用。

抹茶千層蛋糕

—— 低脂不含乳製品，口感輕盈 ——

甜點中的貴族，上等的千層蛋糕相當考驗耐心和功力，把最普通的法式薄餅逐一煎好，抹上奶油霜一層一層細緻的堆疊起來。傳統的千層蛋糕飽和脂肪比較高，我以低卡的豆腐來製作奶油霜，味道、口感、柔軟度也絕對不輸鮮奶油，奶油霜的軟硬度還可自己調整。

純素

[◣ 材料]（份量：20 層，直徑 8 吋圓形蛋糕）

餡料用豆腐奶油霜

板豆腐 550g
（壓重物脫水至 425g）
Demerara 原蔗糖 或 二砂
糖 60g
楓糖漿（Grade A Amber）
..............................60ml
岩鹽 ....1/8 小匙
寒天粉 ....1.5 小匙
清水 250ml
玄米油或味道清淡的植物

油 75ml
抹茶粉（奧綠）.........15g

抹茶薄餅

（可製作約 24 塊）
中筋麵粉 180g
斯佩爾特麵粉或低筋麵粉
..................................180g
Demerara 原蔗糖 或 二砂
糖 100g
玄米油或苦茶油 .....3 大匙
（選擇本身味道清淡的油品）

楓糖漿 90ml
有機無糖豆漿 1500ml
鹽 ....1/8 小匙
抹茶粉（奧綠）.......4 小匙

裝飾

原味山核桃 80g
（鹽烤的不適合）
岩鹽 ....1/8 小匙
楓糖漿 ....2 小匙

山核桃裝飾

　　原味山核桃加入海鹽及楓糖漿，攪拌均勻，平鋪在烤盤上，送入烤箱 70°C低溫烘烤 3 小時，從烤箱取出放涼，放入保鮮袋用擀麵棍敲碎，備用。

抹茶豆腐奶油霜

1 板豆腐蒸 10 分鐘蒸熟，放在網篩裡，壓重物 1 小時或以上，擠出多餘的水分，取得約 425g 的豆腐。

2 鍋中加入清水、原蔗糖、楓糖漿及岩鹽，小火煮至糖全部溶化。再加入寒天粉，攪拌至溶化，寒天粉若結塊用刮刀推開，確定完全溶化後，加入油，一邊攪拌一邊加熱，煮至沸騰，離火備用。

  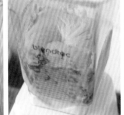 

3 豆腐放入調理機裡，加入步驟 2 的糖液，攪打至乳化綿密的豆腐泥，用保鮮膜緊貼豆腐泥表面，蓋好，以防水氣滴落，放進冰箱冷藏約 2 小時。

4 從冰箱取出豆腐泥，再次放入調理機，篩入抹茶粉，攪打至細滑的奶油狀。豆腐奶油霜加入寒天粉增添黏度，寒天粉的凝固點約 40℃，攪打後放在常溫下約 2～3 小時後，會慢慢凝固，流動性降低，此步驟須等麵皮煎好後，塗抹麵皮之前，才進行攪打。

抹茶薄餅

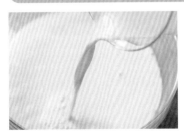  

1 混合所有濕性食材，豆漿、楓糖漿及油，攪拌均勻。

2 大碗中，篩入斯佩爾特麵粉、中筋麵粉、抹茶粉、原蔗糖和鹽，攪拌均勻。

3 在乾粉中間挖開一個洞，逐次少量加入無糖豆漿，輕輕攪拌，用刮刀推開結塊的麵粉，至乾粉全部溶化在豆漿裡。

4 用網篩過濾 3～4 次，充分混合麵粉、油脂、豆漿，直至看不到油脂浮起，麵糊經過多次過濾後會變得順滑，靜置 30 分鐘～1 小時，鬆弛麵糊。

5 不沾鍋無須塗油，進行預熱，此步驟非常重要，移動平底鍋，邊緣的位置也要充分預熱，用手感受表面的熱力，找出適中的熱度，要剛剛好不能過熱，每一次麵糊下鍋前都要攪拌均勻，用大湯匙舀一勺麵糊（每勺約 60 ml），快速倒入鍋裡，迅速晃動，使麵糊均勻鋪滿，小火煎約 1～2 分鐘，我用電陶爐，火力 600W。

6 鍋子預熱適中，麵糊立刻燙熟，黏在平底鍋表面，形成一層均勻的薄麵皮，移動平底鍋讓邊緣受熱均勻，倒出多餘的麵糊，麵糊越薄，蛋糕口感才會柔軟。

7 濕潤的表面開始變乾，麵皮邊緣較薄快熟，開始翹起，就可以翻面。剛煎熟的麵皮很熱，翻面容易破爛，離火放涼一會兒，再翻面比較容易操作，麵皮稍涼後，整塊拿起翻面，怕燙手可以帶上隔熱手套。

8 翻面後，小火加熱約 30 秒，烘走表面的水氣就可以起鍋。為節省時間，我會準備兩個平底鍋，麵皮放涼時，用另一鍋煎另一塊。

9 倒出麵皮，鋪平不要摺疊，否則放涼後會皺，在網架上放涼，冷卻就可以疊起來。重覆步驟至用完所有的麵糊，約可製作 24 塊。

TIPS：
若接觸鍋底的麵皮變成褐色，火力可能太大，或加熱時間過長，每家爐具的火力，平底鍋的厚薄、導熱能力有差異，多練習就能掌握。

10 取一塊薄餅，放一個盤子在上方，剪裁掉邊緣不規則的餅皮。

11 找一個大平盤，將一層麵皮平鋪，再抹上一層薄豆腐奶油霜，中心厚邊緣薄，可讓每一層厚度均勻，一層麵皮一層豆腐奶油霜，依序將 20 層麵皮堆疊起來，最後一塊麵皮不用塗奶油霜，刮走蛋糕周邊多餘的奶油霜。

12 享用前才在蛋糕表面篩入抹茶粉，抹茶粉會氧化變色，表面撒上敲碎的山核桃，做好立刻享用，現做現吃味道最好。

TIPS：
豆腐奶油霜因為寒天粉的特性，不需要冷藏定形。放在室溫 1 ～ 2 小時依然柔軟。

賞味期

千層蛋糕若吃不完，放冰箱冷藏會硬一點，賞味期約 2 天，豆腐奶油霜若是變酸就不能吃了。

抹茶千層蛋糕

抹茶起司蛋糕

—— 清新脫俗仙氣十足 ——

　　以原味腰果為主製作的偽起司蛋糕，打至細緻順滑的奶油狀，口感和真正的起司蛋糕很像唷！甜點的造型和味道一樣重要，以竹子模具冷凍成型，以抹茶染出漸層綠加強竹節感，意境唯美，仙氣十足，還沒品嚐就已經覺得秀色可餐。更重要的是蛋糕不用烤，操作相當簡單，下午茶吃一個，小小的份量身心滿足。

[🌿 材料]

純素

起司蛋糕

原味乾燥生腰果 150g
（不使用鹽烤）

板豆腐 100g
（重壓脫水至 70g）

椰漿 65ml

楓糖漿 .... 4 大匙
夏威夷豆堅果醬 ..... 2 大匙
鮮榨檸檬汁 .... 1 大匙
無糖豆漿或植物奶 90ml
天然香草精 .... 1/4 小匙

漸層色

深綠色：1/3 腰果泥 +3 小匙抹茶粉（奧綠）+1 大匙楓糖漿
淺綠色：1/3 腰果泥 +1 小匙抹茶粉（奧綠）+2 小匙豆漿
原色：1/3 腰果泥

[🥄 模具]

6 連竹子慕斯模具，外模：26×16cm；單個：直徑 4.8×5cm

1 腰果用冷開水浸泡 8 小時，夏天要放進冰箱。

2 板豆腐蒸 10 分鐘蒸熟，放在網篩裡，壓重物 1 小時或以上，擠出多餘的水分。

3 攪拌杯加入腰果、豆腐、椰漿、夏威夷豆堅果醬、楓糖漿、無糖豆漿、鮮榨檸檬汁及天然香草精放入攪拌機中，打成綿密奶油狀的腰果泥。

4 取 1/3 奶白色腰果泥放入擠花袋中，填滿模具的 1/3 容量。

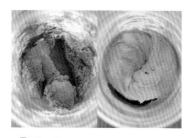

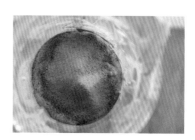

5 剩下的腰果泥加入 1 小匙抹茶粉、2 小匙豆漿，啟動調理機混合成淺綠色腰果泥。

6 取 1/2 淺綠色腰果泥放入擠花袋中，填滿模具的 2/3 容量。

7 剩下的腰果泥加入 3 小匙抹茶粉及 1 大匙楓糖漿，啟動調理機混合成深綠色腰果泥。

8 把所有深綠色腰果泥放入擠花袋中，填滿模具，抹平，蓋上保鮮膜，放進冷凍庫，冷藏約 3 小時。

9 從冷凍庫取出，脫模，室溫回溫約 10 ～ 15 分鐘，回軟成適合食用的硬度，即可享用。

賞味期

冷凍庫保存約 2 週。

💡 小叮嚀

★食譜需要高馬力的攪拌機（果汁機）把腰果打成非常奶油質感的稠度，如攪拌機沒那麼有力，腰果浸泡的時間要再延長一些，打磨時小心馬達過熱。

抹茶紅豆年糕

—— 古法米磨 Q 彈好嚼勁 ——

　　當抹茶混合米漿，味道被稀釋，品質不好的抹茶粉即使增加份量，茶香不足澀味有餘。好吃的抹茶年糕，第一選對抹茶粉，第二要選對糖。奧綠，沉穩甘香的茶味帶點海苔的香氣，濃郁不苦澀，色澤和香氣在加熱後仍有很好的表現。Demerara 原蔗糖則有甘蔗的焦糖香，甜味比白砂糖高，用量不多就足夠甜。

[🔽材料]

（份量：9.5 × 9.5 × 19 cm 的長方形吐司模 1 個）

自製紅豆泥

紅豆 100g
Demerara 原蔗糖 100g
陳皮 .... 1 片
海鹽 .... 1/8 小匙
清水 .... 400ml（煮紅豆）

年糕

長糯米 250g
粳米（短米／珍珠米）100g

Demerara 原蔗糖 或 二砂
糖 150g
（用研磨機磨成糖粉）
清水 ... 300ml（打磨米漿）
椰漿 .... 45ml（3 大匙）
海鹽 .... 1/8 小匙
自製紅豆泥 120g
紅豆粒 40g
抹茶粉（奧綠） ..... 1 大匙

自製紅豆泥

1 紅豆浸泡過夜後，倒掉泡過的清水。

2 鍋中放入紅豆、陳皮及清水，中火加熱煮滾，轉至最小火，撈起浮沫，不用加蓋讓水分蒸發。若想保留整顆紅豆不煮爛，紅豆不能翻滾，小火熱煮約 30 分鐘，直到紅豆變軟，水分減少。

3 拿掉陳皮，舀起 2 大匙紅豆備用。

4 加入原蔗糖及海鹽，用手提攪拌機打成紅豆泥。

年糕

1 長糯米及粳米沖洗乾淨，加入清水（分量多少隨意，最後要倒掉），最少浸泡 2 小時，若時間允許，浸泡過夜最好。

2 將米瀝乾，加入 300 ml 清水，放入調理機打成米漿。肥丁用 Blendtec 果汁模式 × 2，共打 2 分鐘。

3 米漿倒入玻璃容器內，靜置 48 小時，充份沉澱。冬天操作室溫 15℃以下，不用放入冰箱。糯米漿的澱粉質便會沉澱，清水會浮在表面。

4 用湯匙小心撈起表面的清水，可撈出約 110 ml 的清水，取得濃稠綿密的米漿。

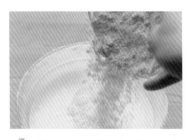

5 原蔗糖用研磨機磨成糖粉。米漿加入椰漿及糖粉，用手動打蛋器攪拌均勻。

6 取 150 ml 米漿與 100 g 紅豆泥及紅豆粒混合成紅豆米漿。

7 剩下約 600 ml 米漿，混合抹茶粉及鹽，攪拌均勻。

8 吐司模鋪上烘焙紙，倒入一半的抹茶米漿，加蓋大火蒸約 10 ～ 15 分鐘。糕體凝固不塌陷就可以倒入紅豆米漿，抹平。

9 紅豆米漿因為加入了紅豆泥，質感較稠，能承托抹茶米漿，所以不用蒸，倒入剩下的抹茶米漿。

10 蓋好，約蒸 30 分鐘。取出蒸熟的年糕，連同模具放在網架上放涼，再放進冰箱冷藏 2 天。將凍硬的年糕從模具取出，撕開烘焙紙，切成厚片，小火煎至表面香脆，裡面軟糯，即可享用。

TIPS：
米漿磨的年糕一受熱就會變得很軟很黏，放入冰箱冷藏就會變硬，方便脫模。

💡 **小叮嚀**

★ 蒸熟的時間視年糕的厚度，肥丁用吐司模，年糕較厚，蒸熟的時間較長。

賞味期

年糕放在冰箱會越來越硬，糕體固定後可以先切厚片，用保鮮膜，緊貼包好，冰箱保存約 2 週。

📝 **肥丁小教室**

　　粳稻碾出的米叫「粳米」，是白米的一個品種。粳米米粒短圓，米質黏性強，口感較 Q。台灣粳稻的種植源於日本引進的蓬萊米、日本越光米、珍珠米（香港廠商的稱呼），都屬於粳米品種。長糯米和粳米混合的配方，Q 軟有韌勁，不黏牙，清甜甘香。若再想要再軟一點，可以增加糯米的比例。

抹茶紅豆年糕

抹茶草莓大福

—— 紅綠配甜蜜幸福的滋味 ——

　　大福的內餡口味雖然多變，卻沒有比包入紅豆跟草莓的「草莓大福」更具有代表性。把傳統的紅豆餡換成抹茶白豆沙，不但有抹茶的茶香及美麗的色澤，紅配綠的視覺效果更引入注目。

肥丁說說話

　　麻糬中的糯米澱粉容易老化，過夜就會變硬。我的麻糬可以放兩三天仍然柔軟，祕密就在 **海藻糖 Trehalose**，可防止澱粉老化和蛋白質變壞，保水能力優越，不但可以為麻糬增添甜味，冷藏時也不容易變硬。海藻糖不會引起梅納反應，適合製作淺色的食品，縱使高溫處理製成品不易變色。

[材料]（份量：8 個）

麻糬皮

糯米粉	150g
海藻糖	50g
清水	19g
玄米油	2 小匙
玉米澱粉	5g

抹茶白豆沙草莓餡

白腰豆	100g
白色羅漢果糖	50g
抹茶粉（奧綠）	3 小匙
草莓	8 顆

抹茶白豆沙草莓餡

1 白腰豆洗淨，放入 3 倍的清水浸泡，白腰豆的豆皮很硬，放進冰箱浸泡 2 天。若豆子新鮮，豆子泡至發芽營養更好。

2 倒掉浸泡白腰豆的水。將白腰豆放入鍋裡，倒入新的水，水量淹過豆子約 2 公分高，開大火加熱，直到煮滾。

3 煮滾後加入 200 ml 冷水，再次煮滾，繼續煮 3～4 分鐘，第一次煮豆會產生很多泡沫，火力控制在水不會溢出。

4 白腰豆倒在網篩上，倒掉煮過的水，冷水沖洗。

5 白腰豆放回鍋裡，加入新的水，水量淹過豆子約2公分高，重複一次步驟2～4。經過兩次過濾和沖洗，就能去除豆子的雜味。

6 白腰豆放回鍋裡，加入新的水，水量淹過豆子約2公分高，開大火加熱至煮滾，轉小火，加蓋悶煮40分鐘至1小時，煮至豆殼軟化，能與豆子輕易分離，豆子綿密，能用湯勺壓碎。

7 煮熟的白腰豆放在網篩上，用飯勺按壓，把豆沙擠出來，得到固體豆沙。

8 將熬煮過豆的豆汁，倒入豆殼碎片，豆汁倒完了，倒入清水，把殘留在豆殼的澱粉質沖刷出來，得到液體豆沙。

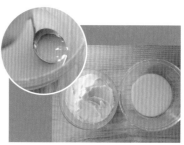

9 將液態及固體豆沙一同放進冰箱。液體豆沙沉澱一夜後，出現明顯的分層，用湯勺撈掉上面較清澈的水，貼近豆沙的水分很難分離，沒關係，稍後炒豆沙時會蒸發掉。

10 將固體及液體豆沙，一同放入鍋裡，加入羅漢果糖，小火加熱，以木鏟持續攪拌。

11 水分持續蒸發，豆沙流動性降低，用木勺舀起來，豆沙不會立即掉下去，便可以起鍋。

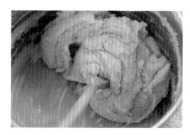

12 白豆沙的質感較紅豆沙硬，冷卻後可直接塑形，不需要另外加油或其他澱粉。

13 取 200g 白豆沙，混合過篩的抹茶粉，把豆沙分成 8 份，搓圓。

14 取一顆抹茶豆沙，輕壓攤開放在手掌上。

TIPS：
注意別在豆沙高溫的狀態下加入抹茶，會使顏色不佳。

麻糬皮

15 草莓尾朝向豆沙，一邊用右手拇指和食指擠壓餡料，一邊收緊左手，將白豆沙向手心搓揉，直至草莓完全被包裹。

1 糯米粉加入海藻糖，攪拌均勻，邊攪拌邊加入清水及 1 小匙玄米油，攪拌至乾粉完全溶化，大火蒸 5 分鐘成麻糬皮。

2 剛蒸熟的麻糬皮加入 1 小匙玄米油，剛蒸熟的麻糬皮很燙及黏手，不要用手直接接觸。戴上隔熱手套或用烘焙布趁熱搓揉充分混合麻糬，直至麻糬表面光滑不黏烘焙布。

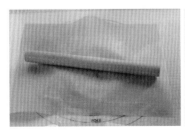 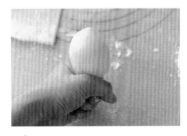

3 工作台上鋪上烘焙布，均勻撒上玉米澱粉，把揉好麻糬皮放在上面，撒上玉米澱粉，蓋上另一塊烘焙布，用麵棍擀薄成約 30× 20 公分長方形，用滾刀切割成 8 個正方形。

4 用毛刷把皮料表面的玉米澱粉刷掉，放上抹茶白豆沙草莓餡，底部收口，即可享用。

抹茶桂花綠豆糕

—— 品味手工茶點的細膩 ——

在傳統冰心綠豆糕的基礎配方上，加入桂花茶及抹茶，含在嘴裏待其慢慢化開，陣陣桂花香，淡淡抹茶韻，芳香盈繞，經久不散。再來一杯溫暖淡香的花茶，更顯綿綿可口、清甜不膩。

肥丁說說話

隨著年齡的增長，處事不再心浮氣燥，漸漸地多了一份淡然，學會感受歲月靜好，有如這朵浮雲綠豆糕。

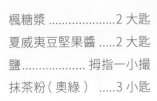

純素

[材料]

乾桂花 .... 2 小匙	楓糖漿 .... 2 大匙
滾水 500ml	夏威夷豆堅果醬 ..... 2 大匙
脫殼綠豆仁 200g	鹽 .... 拇指一小撮
玄米油 45ml	抹茶粉（奧綠） ... 3 小匙
金黃羅漢果糖 35g	抹茶粉（瑞穗） ..... 2 小匙
Demerara 原蔗糖 30g	

[模具]

50g 立體祥雲手壓式家用月餅模　長 5.8×3.8 cm

1 乾桂花用滾水沖泡悶 10 分鐘，過濾桂花，取得桂花茶。

2 綠豆仁用清水洗淨，浸泡 3 小時以上。

TIPS：
購買沒有殼的綠豆可以節省不少時間。

3 將浸泡好的綠豆仁放入電鍋煮熟，輕輕一壓綠豆就碎了，為最佳狀態。

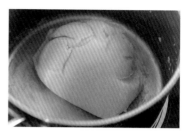

4 混合煮熟的綠豆、糖、鹽、桂花茶，放入食物調理機打成細膩的豆沙。

5 將打好的綠豆沙放入鍋中，以中小火翻炒，加入油及夏威夷豆堅果醬。

6 將豆沙拌炒至水分收乾可以成團。調整豆沙的濕度是最重要的步驟。

7 把豆沙均等分成 2 份，取一份加入抹茶粉（奧綠、瑞穗混和），揉成團。

8 將原味及抹茶綠豆沙，各自分成 11 份。

9 分別取一份原味及抹茶綠豆沙，再各自切成 3 份，顏色相間疊起，再切半。

10 取一份混色的綠豆沙放入模具，用指尖輕輕壓實，從模具背面脫模。

11 放入冰箱冷藏，口感會更好。

索引
Index

配料 & 餡料

抹茶粉圓 P.68

白玉、抹茶湯圓 P.91

抹茶寒天凍 P.91

抹茶芋圓 P.103

白豆沙餡 P.149

蜜漬紅豆 P.94

蜜漬金時豆 P.95

紅豆沙餡 P.95

紅豆粒餡 P.96

紅豆泥餡 P.97

黃豆粉 P.89

麥穀 P.40

炒玄米 P.57

抹茶、原味豆腐奶油霜 P.139

淋醬

黑糖蜜 P.85

豆漿煉乳 P.101

抹茶豆漿煉乳 P.101

其他

甘酒 P.59

轉化糖漿 P.61

榛果醬 P.131

咖哩磚 P.32

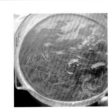
蔬菜高湯 P.38

The Matcha Cookbook

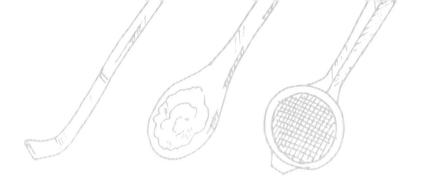

戒不掉的癮！
品嚐抹茶的極致濃厚滋味